LA SCIENCE POPULAIRE

de

SIMPLES DISCOURS SUR TOUTES CHOSES

SUR

L'ÉCLAIRAGE AU GAZ.

A PARIS,

CHEZ JULES RENOUARD ET Cie, LIBRAIRES.

RUE DE TOURNON, N° 6.

LA SCIENCE POPULAIRE

DE CLAUDIUS

SOMMAIRE.

Sur le développement de l'*esprit d'observation*. — Conseils ; exemples. — Nouveautés tardivement aperçues dans les choses les plus familières. — Conséquences pratiques. — *Améliorations successives*. — Application de ces généralités à l'éclairage. — Procédés de fabrication de l'*éclairage au gaz*. — LEBON ; *William* MURDOCH. — Appareils Selligues.

Imprimé chez Paul Renouard, rue Garancière, n° 5.

SUR

L'ÉCLAIRAGE AU GAZ.

Mes amis, nous avons fait l'autre jour, une première connaissance avec le gaz hydrogène (1), mais l'espace m'a manqué pour vous faire voir le rôle qu'il joue dans l'éclairage et dans les mines ; nous allons donc y revenir. Ce sujet vaut d'ailleurs la peine d'être traité avec quelques détails, nous montrant tout près de nous l'un des plus curieux exemples où se puisse ranimer l'esprit d'observation.

L'esprit d'observation : ce n'est pas le moment de le suivre dans ses différentes sphères d'application physique ou morale, ni d'en exposer les

(1) *Simple discours* SUR LA COMPOSITION DE L'EAU.

fruits (1) ; peut-être l'essaierons-nous plus tard; peut-être essaierons-nous aussi d'esquisser son his-

(1) L'une des erreurs les plus communes aujourd'hui et les plus pernicieuses, c'est de supposer que *l'esprit d'observation* n'est nécessaire que pour le succès des choses qui arrivent par le fait de l'homme, c'est-à-dire, pour le succès des *choses artificielles*. Soyez bien convaincus, mes amis, qu'il n'est pas moins nécessaire, désormais, pour le succès des choses qui arrivent par le fait de la Nature. Si *l'esprit d'observation* est indispensable pour savoir où l'activité réfléchie de l'homme est tenue d'intervenir, tenue de voir, de prévoir, de pourvoir, il n'est pas moins indispensable pour savoir où l'activité réfléchie de l'homme n'a point à s'immiscer; c'est-à-dire, pour constater les différens cas où le *cours naturel des choses* se charge du complet accomplissement de nos désirs et ne nous demande rien pour cela, si ce n'est de le laisser faire; de *savoir encore attendre* alors que nous ne savons plus ignorer; de *savoir encore respecter ou faire respecter son travail*, alors que ce travail n'est plus pour nous un secret. C'est à *l'esprit d'observation* à nous défendre ici d'une intervention inopportune et funeste, tout comme, ailleurs, de l'inertie.

Fille de l'esprit d'observation, la *Science*

toire, et de marquer les principales vicissitudes qu'il a subies depuis les temps antiques jusqu'à nos temps modernes. — En attendant, mes amis, puisse-t-il être pour vous, dès à cette heure, l'objet d'un sérieux examen ; à défaut de son histoire publique, étudiez son histoire privée ; suivez d'un œil attentif ses fortunes

est venue à bout de lever hautement l'interdit que des défiances désormais injustes, faisaient peser sur l'exercice réfléchi de la pensée et de l'activité humaines. Sa tâche n'est point remplie, si elle ne lève de même, à présent, l'interdit que des défiances non moins injustes semblent vouloir faire peser, en tout et partout, sur la Nature. Après avoir détruit le préjugé ancien qui faisait de *l'art humain* l'ennemi de l'homme, il reste à détruire le préjugé moderne qui tendrait à faire de la Nature l'ennemie de l'Art. Il reste à réconcilier la *Nature* et l'*Art*, à y faire voir deux ouvriers qui, par des moyens divers, arrivent au même but, se suppléent et se secondent : accomplissant ensemble une œuvre que ni l'un ni l'autre ne peut achever seul. Ce n'est pas tout d'avoir appris à *nous défier*, il nous faut apprendre (ou rapprendre) à *nous confier à propos*.

diverses, non pas en des siècles lointains, mais dans les différens âges et les différentes conditions de la vie présente, tout autour de vous et en vous-mêmes. Recherchez avec soin comment il arrive si souvent qu'il en vienne à languir et à s'éteindre, ou bien encore, avant tout, comment il naît et s'éveille. Que de précieuses leçons je vois sortir pour vous de ces considérations si simples ! Que de lumières vont jaillir, rien que de vos faciles remarques sur le premier âge : sur cet âge si peu regardé et si digne de l'être, et vers lequel d'ailleurs un si doux intérêt nous attire !

Voyez un tout jeune enfant à l'heure où, ses appétits satisfaits, il n'a rien à attendre, rien à craindre et, dans cet heureux état de sécurité et de loisir, semble n'avoir plus rien à faire qu'à s'assoupir. S'endort-il en effet ? non ; vous le voyez, au contraire, attiré par les moindres incidens qui surviennent, se porter du côté par où ils arrivent, s'approcher des yeux et des bras, s'il ne peut des jambes ; puis, tourner, retourner les choses ; les interroger, les pénétrer du régard, les éprouver de la main et de la dent; rechercher en un mot, autant que ses moyens le lui permettent, ce qu'elles sont, en quoi elles consistent, comment elles se produisent ; et aussi, s'essayer à sa manière à les reproduire. Que les choses lui soient nouvelles, c'est assez. Il n'en faut pas davantage à cette petite tête pour qu'elle ne reste pas en repos. Y a-t-il disette de nouveautés ? n'arrive-t-il rien? l'enfant y supplée, et fait arriver quelque chose. Il a bientôt fait de se fournir lui-même de matière à examen. Vous le voyez tâter, froisser, frapper, briser, déchirer, écraser... expériences que tout cela ! il détruit, pensez-vous; vous êtes dans l'erreur, il crée : laissez-le faire, les sujets d'observation ne lui manqueront pas. Vous-mêmes, loin de l'arrêter, aidez-le sans qu'il y paraisse, tout en veillant à ce que ce premier cours de physique expérimentale se fasse sans trop de dépense ni de danger.

Ainsi le *besoin de connaître* est là bien distinct de tous les autres, et s'exerce pour ainsi dire, indépendamment d'eux et pour son propre compte (1); l'enfant n'a pas besoin d'un maître de philosophie; il n'a que faire des préceptes de *Bacon* ou de *Descartes* ni de l'exemple de *Galilée*; il est plutôt à donner en exemple à tous ceux qui, après avoir débuté comme lui, se trouvent à vingt ou trente ans, avoir presque entièrement désappris ce précieux *art d'observer* qu'ils pratiquaient jadis avec tant d'ardeur; que dis-je? cet art d'observer, loin de le pratiquer à cette heure comme art de loisir et de luxe, ils ne le pratiquent plus même comme art de nécessité, à la voix de l'intérêt particulier ou social; à la

(1) Ce n'est pas à dire que ce *besoin de connaître* soit toujours chez l'enfant un besoin de loisir et de luxe, ni même qu'il soit jamais complètement désintéressé. L'enfant, dans ce premier cours de recherches, ne saurait faire abstraction de son expérience; et son expérience ne saurait être séparée du plaisir qui s'y est joint. Aussi, dans son premier *examen des qualités sensibles des choses*, le voyez-vous les interroger beaucoup plus de la langue que du nez, par exemple.

vue d'un bien-être à atteindre, à la vue d'un *mal-être* à éviter ; cet art qu'ils exerçaient, ce semble, d'instinct, ils ne l'exercent, de réflexion, ni en vue du *mieux*, ni en vue du *pire*, alors même que le pire équivaut pour eux aux plus terribles supplices ; nous allons en voir tout-à-l'heure de tristes preuves.

Comment s'est opéré un tel changement ? comment arrive-t-il que des hommes-faits soient ainsi parfois moins près de la route de la science et de la sagesse, que l'enfant à ses premiers pas ? serait-ce que la source des *choses nouvelles*, baissant de jour en jour à mesure que nous avançons dans la vie, finit par tarir et laisser la place presque entière à un cours monotone et pour ainsi dire immobile de choses journalières, chez lesquelles le frottement continu de l'habitude émousse tout angle et toute pointe ?

Mais à qui regarde, la source des *choses nouvelles* ne tarit pas ; les choses même les plus fréquemment ramenées sous nos yeux, connues à certains égards, sont encore nouvelles à bien d'autres : d'ailleurs, que fait l'enfant lorsqu'il y a disette de nouveautés et que son appétit de connaissance manque de pâture ? — Comment arrive-t-il donc que l'activité inquisitive de l'homme s'arrête à l'endroit où l'activité inquisitive de l'enfant reste en haleine ?

Serait-ce que les *instrumens d'observation* que nos sens nous prêtent, nous laissant en route en la plupart de nos premières recherches, nous acquérons de plus en plus la décourageante conviction que nous n'avons pas les ressources nécessaires pour toucher le but, et cessons d'y viser par désespoir d'y atteindre ? Mais que fait l'enfant dont le bras est trop court? ne sait-il pas l'allonger avec ce qu'il trouve sous sa main? chacun de nos sens n'est-il pas ainsi indéfiniment perfectible par l'adjonction de *sens supplémentaires* ?

Vous m'objectez ici *le manque de loisir* pour combiner la construction de ces sens supplémentaires dont nous sentons le besoin ; *le manque d'argent* pour réaliser cette construction et en vérifier les résultats.

— Vous avez raison, ce sont là de terribles obstacles à l'application persévérante de la curiosité réfléchie ; mais, du moins, allons-nous jusqu'où nos sens tous seuls (ou bien les sens supplémentaires les plus faciles et les moins coûteux à construire) nous conduisent ? Eh ! mon Dieu non ! je vois l'esprit d'observation paralysé chez mille enfans, bien avant ces objections qui le supposeraient persistant, bien qu'inexercé. Combien d'ailleurs, à qui ne manque ni loisir ni fortune, n'en restent pas moins sourds et aveugles à tous les objets d'observation qui les entourent et les appellent !

Ne serait-ce pas que peu-à-peu et à leur insu, les directeurs de la première enfance, paralysent eux-mêmes, en elle, l'esprit d'observation : répondant d'abord beaucoup trop aux « *qu'est-ce que c'est que cela ?* » que l'enfant s'adresse tout haut, à lui-même ; et de plus, y répondant par la plus malheureuse de toutes les réponses : je veux dire par le nom que l'objet montré porte en nos langues. C'est, n'en doutez pas, à cette imprévoyante coutume que remonte l'idée dont nous sommes tous plus ou moins entachés, à savoir : « *que l'on connaît les choses, quand on en sait le nom et qu'on possède le signalement superficiel qui permet de l'appliquer* » : cette idée qui coupe court à toute question faite à nous-mêmes, ou aux autres.

Que diriez-vous à ce propos, mes amis, d'une mère qui, jalouse de cultiver en ses enfans cet esprit d'observation qui s'annonce si bien de lui-même et qui promet tant, n'en viendrait d'abord que le moins possible à leur dire le nom des choses (1),

(1) « Resserrez le plus possible le vocabulaire de l'enfant, » a dit ROUSSEAU ; c'est-à-dire, *prêtez-lui le moins de mots que vous pourrez*, ou mieux encore, ne lui apprenez pas votre langue ; laissez l'enfant en saisir ce qu'il peut et se faire une langue à sa manière. Cette langue ne sera pas si mal faite que vous pourriez le croire ; et, ce qui importe le plus à notre présent objet, elle ne sera pas faite sans regarder aux choses, sans pécouvrir leurs ressemblances et leurs différences, d'abord les plus superficielles, Puis peu-à-peu les plus intimes. Cette lan-

puis s'attacherait scrupuleusement à ne le jamais faire que sous cette forme : « *cela se nomme... cela s'appelle...* » Ne serait-ce pas plaisir de voir les enfans, sensibles à cette distinction que des esprits futiles jugeront pédantesque, demander certaines fois : « *comment cela s'appelle-t-il?* » et d'autres fois : « *qu'est-ce que c'est que cela?* » sans confondre l'objet de ces deux demandes. Vous devinez sans peine, que de la part de tels élèves, la dernière serait bien rare, et qu'en répondant à la première, on n'aurait pas à craindre de semer une idée fausse..... Que diriez vous d'une telle mère? — Que (semblable à celle qui fut assez éclairée, assez prévoyante, assez confiante, assez maîtresse d'elle-même, pour *s'abstenir d'apprendre à ses enfans à marcher*), il

gue enfantine où vous serez tenté de voir de l'esprit et, où il n'y aura pourtant que de la justesse, vous étonnera. Cette langue enfantine vous servira à concevoir la formation de la nôtre, vieille monnaie usée de main en main, dont un enfant ou un philosophe peuvent seuls nous aider à recomposer l'empreinte.

lui a fallu pour *s'abstenir de leur apprendre à parler*, vaincre bien des petits mouvemens d'amour-propre maternel et d'impatience irréfléchie ; qu'il lui a fallu se priver, se retenir, se contenir ; mais, aussi, que le spectacle du naïf et admirable développement de l'intelligence enfantine est venu la payer, bientôt et largement, de ses privations, de sa retenue, de sa persévérance, de son courage : digne couronnement, là comme ailleurs, du sacrifice de plaisirs fugitifs à des joies non moins vives et, de plus, incessantes et sûres, entre de doux ressouvenirs et un doux espoir.

Mais revenons ; aussi bien ce n'est pas toujours *à leur insu* que les directeurs de l'enfance paralysent ce mouvement de pensée qui lui est si naturel. Il le faut bien dire : la première éducation nous présente maint exemple où l'esprit d'observation est l'objet *d'atteintes expresses et directes*.

Combien ne voit-on pas de personnes, qui dominées, aujourd'hui encore, par des habitudes d'esprit empruntées à *un autre temps* (je veux dire *à un autre ensemble de relations de l'Homme avec la Nature ou des hommes entre eux*), combien ne voit-on pas de personnes qui, loin de sourire à ce gracieux éveil de l'intelligence, loin de seconder cet ennoblissant essor de la curiosité réfléchie, n'y voient qu'une racine vicieuse et dangereuse, et, sans scrupule ou même par devoir, en froissent et arrachent les plus séveux rejetons ! (1)

Combien ne voit-on pas aussi de personnes qui bien fatalement préoccupées de prétentions hiérarchiques, considèrent, non plus sans doute comme des crimes de lèse-majesté divine, mais encore comme de cou-

(1) Dans l'ancienne éducation, la *curiosité* est un péché ou un malheur, ou tous les deux ensemble. — Il faut savoir ce qu'il y a de vrai et de faux sous cet antique préjugé. *Il ne faut assurément pas admettre la curiosité sans conditions ;* mais il ne faut sans doute pas, non plus, la proscrire à l'heure même où *la Science*, sa fille, *suppléante ou protectrice de la Nature*, est saluée, de toutes parts, reine du monde.

pables empiétemens sur la dignité de l'âge mûr, les demandes pleines de justesse et d'avenir que se fait un enfant et ses sérieux efforts pour y trouver réponse !

C'est assez pour l'instant de ces indications ; entre les questions d'utilité publique, disons mieux, d'utilité universelle, la question que nous venons de toucher est au premier rang. Il n'en est pas qui aient davantage besoin d'une exposition complète, décisive, lumineuse, populaire. On a des Instructions fort utiles sur la culture du *Nopal*, du *Mûrier*, du *Phormium tenax;* je voudrais voir publier aussi une *Instruction sur la culture de l'esprit d'observation*, de la curiosité réfléchie, du bon sens, du génie (1). Ces précieu-

(1) Que désigne-t-on le plus souvent par ce mot de *génie*, si ce n'est le *bon sens* dans son application la plus rapide : flambeau de l'esprit soudainement allumé à la fugitive étincelle qui jaillit du choc imprévu des personnes ou des choses.

ses plantes, tout indigènes qu'elles sont, n'en donneraient pas moins lieu à des conseils presque entièrement neufs pour l'immense majorité des lecteurs. Et quelle ne serait pas la portée de ces conseils, sous le patronage des autorités scientifiques, qui couronnant, chaque année, les fruits de l'esprit d'observation, sont le plus vivement portées à en protéger partout la libre et paisible croissance !

Du reste, par le temps qui court, *l'exemple* supplée aux conseils. Que, faute de culture, l'esprit d'observation ait langui quelque part sans exercice, le spectacle du développement qu'il prend ailleurs, est là pour réparer en partie le mal : leçon vivante, tôt ou tard écoutée. On pourrait presque dire que l'esprit d'observation est aujourd'hui dans l'air même que nous respirons ; en tel endroit que tombent vos regards, vous voyez son œuvre. Aussi, quelle qu'ait été la direction de nos premières années, ne pouvons-nous guère entrer dans le monde sans entrer dans cette atmosphère d'innovations, d'améliorations, de progrès, d'espérances, et nous imboire en peu de temps de son principe vivificateur.

En dernière analyse, tous les excitans se réduisent ici à un seul : « de la nouveauté. » Partout où il y a *du nouveau*, en bien, en mal ou même sans bien ni mal, partout où il y a *du nouveau*, il y a mouvement de curiosité, *attention*, c'est-à-dire *effort pour mieux voir*. Peu importe ici, que cet effort soit ou non prolongé, il existe, c'est assez; c'est le réveil de l'esprit d'observation.

La nouveauté peut se présenter sous deux formes : entière ou partielle.

Sous le premier titre se rangent les *faits totalement nouveaux*. On conçoit que le nombre doit en être bien petit et diminue, pour chacun, de jour en jour. Ce serait l'occasion de parler de la regrettable prodigalité avec laquelle nos maîtres nous versent tout d'abord à pleines mains tant de vérités totalement nouvelles pour nous; tant de vérités que, plus ménagers de nos impressions les plus fécondes, ils nous tiendraient en réserve pour d'autres temps (1).

Faut-il le dire? Les faits complètement nouveaux ne nous conduisent pas seulement à l'examen des circonstances qui leur sont propres; ils nous mènent aussi à l'examen de faits que nous pensions n'avoir pas à examiner ; de faits que nous croyions connaître. Il suffit pour cela que les circonstances présentées par les faits, complètement nouveaux se retrouvent en des faits précédemment connus ou supposés tels, inaperçues jusque-là : attendu que, pour nous devenir visibles, il fallait qu'elles s'offrissent à nous en des faits singu-

(1) Cela doit surtout s'entendre des faits qui ne se présentent guère à nous dans la vie commune. Si, par exemple, vous donnez une *barre d'acier aimanté* à un enfant de quatre ans, que lui donnerez vous à quinze? Que ne pouvez-vous au contraire tenir hors de sa portée quelques-uns des faits les plus communs et les plus vulgaires. S'il arrivait à vingt ans sans avoir vu de feu, il le verrait avec l'œil de *Lavoisier*.

liers, étranges, bizarres, c'est-à-dire tout-à-fait isolées du monde ordinaire de nos connaissances. Comme exemple de faits complètement nouveaux, conduisant ainsi à l'examen d'une foule de faits précédemment connus ou supposés tels, je puis vous citer les découvertes de *Galvani* et de *Volta*. (1)

Quant aux nouveautés partielles, c'est-à-dire aux *nouveautés aperçues* (soit par suite de l'examen de faits totalement nouveaux, soit en telle autre occasion), *dans les faits que nous pensions le mieux connaître et où il ne nous paraissait pas que nous eussions rien à voir*, elles forment assurément la partie la plus intéressante de nos connaissances, considérées dans leur rapport avec la fécondation et le développement de l'esprit d'observation. Devant ces nouveautés, découvertes à l'endroit même où notre prétendu savoir était le plus sûr de son fait, et se croyait le plus légitimement dispensé d'exa-

(1) *Simple discours* SUR L'HISTOIRE DE L'ÉLECTRICITÉ, *seconde partie*.

men et d'étude, devant ces nouveautés tombent les principaux obstacles mis par la première éducation à l'exercice de l'esprit d'observation. Par elles, nous apprenons ce que vaut et la *connaissance du nom des choses* et la *connaissance de leur signalement superficiel*; par elles, toute chose nous redevient nouvelle; toute chose redevient matière à questions à examen, à épreuve, à conjecture, à vérification. Par ces nouveautés, nous nous trouvons précisément dans la disposition d'esprit que *Descarte* exige pour la recherche de la vérité : « nous entrons derechef dans l'espace du monde »; redevenant enfans, nous devenons philosophes.

Jusqu'ici nous avons parlé des connaissances soit entièrement, soit partiellement nouvelles, sans rapport à leur usage pratique : seraient-elles différentes dans ce cas? non sans doute; il semble même qu'à la voix de nos besoins ou bien à la voix bien autrement impérieuse des besoins de nos enfans, de nos amis, de nos frères, l'esprit d'observation n'ait pas besoin d'autre stimulant. Ne suffit-il pas, qu'en pratique, le but soit *le mieux*, le point de départ *le pire?* peut-il y avoir de l'immobilité sur une telle route? — Mais l'habitude! l'habitude!

L'habitude n'est pas, comme on l'a dit, l'ennemie du mieux; elle est l'ennemie du *mouvement senti* qu'il faut se donner pour atteindre au mieux; l'ennemie de l'*activité réfléchie*, que la poursuite du but exige.

L'habitude, du reste, supplée, à sa manière, aux efforts qu'elle empêche de faire; par elle, il est peu de positions qui ne deviennent comparativement bonnes; comparativement surtout à la pénible marche qui pourrait nous en sortir. L'ignorance y aide; que cette même position bonifiée par l'habitude, vienne à être mise en contraste avec une position meilleure, aussitôt elle devient pire et, du même coup, se trouve être un point de départ vers le mieux.

Il s'agit en tout cela, non de *ce qui est*, mais que de ce qui est vu et senti. Qui voudrait (indépendamment des nouveaux moyens de transport usités de nos jours et seulement pour le besoin universel et perpétuel, ce semble, de lumière et d'air), — qui voudrait, dis-je, des rues de Paris d'il y a cinq cents ans? Ce qui en reste, comparé aux rues que l'on perce aujourd'hui, nous émeut de pitié pour nos pauvres ancêtres (1) qui cependant s'en accommodaient sans en souffrir. (2) Les *points de comparaison* manquaient alors. Partout aujourd'hui les *points de comparaison* abondent : de ce qui est ici à ce qui est ailleurs (3); de ce qui a été dans un temps à ce qui a été dans un au-

(1) Que dire de ceux de nos contemporains dont les enfans languissent, à cette heure même, à la même place, étiolés et rachétiques!

(2) *Sans en souffrir;* je parle seulement de la sensation; quant à leurs maux, ils les rapportaient à la nature humaine; nullement au milieu obscur et fétide dans lequel ils l'enterraient.

(3) *La géographie* n'est-elle pas aujourd'hui un vaste cours de comparaisons novatrices?

tre (1); de ce qui est aujourd'hui à ce qui a été hier (2). Dans cet escalier de perfectionnemens et d'améliorations, chaque degré nouveau est une position sûre d'où la main du maçon asseoit, chaque jour, de nouveaux degrés encore.

Nous venons de parler des positions que l'habitude améliore, suppléant ainsi au mouvement intellectuel qu'elle paralyse : disons quelques mots des positions contre lesquelles l'habitude elle-même ne peut rien. Là, pensez-vous, l'esprit d'observation sera forcément tenu en éveil, et le mouvement intellectuel ne pourra être annulé.

Eh bien, vous êtes dans l'erreur. Soit seulement de voir le mal se perpétuer sans remède, soit conviction que le remède a été cherché en vain par les hommes les plus capables de le trouver, — il arrive que ce remède est reputé *introuvable*, et que les positions même contre les-

(1) *L'histoire* n'en est-elle pas un autre?

(2) *La statistique* n'en est-elle pas un troisième?

quelles l'habitude n'a pas d'opium, n'en sont pas davantage pour cela des occasions d'active recherche. Aujourd'hui même, cette disposition d'esprit n'est encore que trop commune. Quel antidote lui opposer ?

Il n'en est qu'un seul. C'est de faire voir que des remèdes *réputés introuvables* ont été trouvés ; que des maux soi-disant inévitables ont fini par être évités ; et sans doute ils l'eussent été plus tôt sans cette fatale disposition d'inhumaine inertie : ainsi, la *petite-vérole* ; ainsi le *scorbut des marins*. Notre prochain entretien doit nous en fournir un autre exemple non moins remarquable. (1)

Pour mettre un peu d'ordre dans notre thèse, voyons d'abord comment, après avoir *passé outre* pendant des siècles, on en vient enfin à découvrir *du nouveau* dans les choses les plus familières et à *s'arrêter devant elles*. Nous retrouverons ensuite la

(1) Voyez le *Simple discours* SUR LA LAMPE DE SURETÉ.

même histoire sous un autre nom, dans la découverte (après bien des siècles de renoncement et de désespoir) d'un préservatif fort simple à d'horribles catastrophes, réputées inévitables.

Commençons par l'éclairage.

Observations et Conjectures.

Nous supposerons, si vous le voulez, un habitant de l'un de nos villages les plus reculés, arrivant en quelqu'une de nos grandes villes et la trouvant le soir resplendissante de lumières ardentes, qui lui font prendre en dédain la lueur terne et rougeâtre à laquelle il est habitué.

Quelle n'est pas sa surprise, quand après avoir admiré cet éclat éblouissant, il s'aperçoit qu'il n'y a point de mèche aux becs de lampe d'où s'échappent ces dards ou ces éventails de flamme argentine. Il se rappelle alors l'eau-de-vie ou l'esprit-de-vin, enflammés sans mèche; mais leur flamme bleuâtre ne peut se comparer à celle-ci ; d'ailleurs il voit fort bien qu'il n'y a pas plus là d'esprit-de-vin que d'huile. Cela lui donne à penser. Assurément il faudrait que son esprit eût été faussé de bien bonne heure, pour qu'il consentît à s'en retourner chez lui avant d'avoir éclairci cette énigme : étant de loisir, s'entend, comme il l'est, et désireux de tirer instruction de son passage. Il dresse donc un inventaire complet de la merveille qu'il a sous les yeux : pas de réservoir à liquide combustible ; nulle apparence de combustible solide ; rien qu'un tuyau diversement recourbé et qui s'engage dans la muraille.

Notre voyageur veut au moins savoir comment cette singulière lampe s'allume. Il ne manque pas le lendemain de se retrouver à son poste d'observation, à la nuit tombante. Un robinet est ouvert sur le tuyau du bec de lampe ; une bougie allumée est approchée de ce bec ; une légère détonation se fait entendre et voilà la lampe enigmatique qui brûle comme la veille. Ce spectacle, les gens de la ville y sont faits ; ils s'arrêtent un instant, puis continuent leur chemin, sans peut-être en savoir davantage pour cela. Notre homme se garde bien de faire de même : il n'est pas étranger pour rien. Il n'a jamais vu allumer de lampe, de cette manière ; il s'avoue bien franchement *qu'il ne sait pas* ce qui vient de se faire là devant lui ; « qu'il n'y a vu que du feu » comme il dit ; et il aurait desiré voir quelque chose de plus ; aimant à parler de ce qu'il a vu, il aime à en parler *en connaissance de cause.*

Le voilà donc qui se demande quel changement l'ouverture de ce robinet a produit ; et comment, par le fait de cette ouverture, ce bec de lampe est devenu allumable et inflammable. Peut-être obtiendra-t-il une autre fois de mettre la main devant le bec de lampe, après l'ouverture du robinet, avant qu'on en approche la bougie allumée ; dans ce cas, qu'apprendra-t-il ? qu'il y a là un petit courant d'air assez sensible qui souffle sur la main, et que, sans y mettre la main, l'on peut reconnaître de loin, à l'inclinaison de la flamme de bougie qu'on lui présente.

Cela devient de plus en plus singulier. Ainsi, ce n'est pas ici un éclairage à l'esprit-de-vin, à l'huile, à la bougie, mais un éclairage *à combustible invisible ;* lequel combustible échappe, il est vrai, à la vue, mais est sensible au toucher, comme l'air ; en un mot il s'agit décidément ici d'un *éclairage à air.* Notre observateur ne s'en tient pas là.

« Cet air, se dit-il, n'est assurément pas de l'air ordinaire; car nous avons beau approcher une bougie allumée, du courant d'air qui s'échappe d'un soufflet, il ne s'y produit pas de flamme. *Il y a donc plusieurs espèces d'airs.* » — Voilà notre villageois sur le chemin des découvertes pneumatiques ; le voilà qui se fraie à lui-même la voie que nous ont ouverte les *Boyle*, les *Hales*, les *Black*, les *Priestley*, les *Bayen*, les *Scheele*, les *Cavendish*, les *Lavoi ier.*

«Quel est donc cet *air à éclairage* ?

et d'abord d'où vient-il? c'est-à-dire d'où vient le tuyau par lequel il arrive? je l'ai suivi tout-à-l'heure jusqu'à la muraille où sa trace se perd; il faut percer la muraille et le suivre au-delà!»

Ce tuyau, l'observateur le retrouve, au-dehors, dans la rue; il y remarque même un autre robinet qu'un employé vient ouvrir à heure fixe, quelques momens avant que soit ouvert le robinet qui est près du bec de lampe; et de là... De là, pour continuer à suivre *l'air à éclairage*, dit-on au voyageur, il faudrait dépaver les rues. On lui montre quelques endroits, en réparation, où les tuyaux sont à découverts; il voit des conduits pareils, à la grosseur près, à ceux qui servent à l'approvisionnement d'eau; à mesure qu'il se rapproche de la source d'*air à éclairage*, il voit les tuyaux grossir. Puis, après diverses caisses de formes variées où les tuyaux s'abouchent et d'où ils repartent, notre obstiné questionneur qui, vous le voyez, ne lâche pas le fil qu'il tient qu'il n'en ait découvert le bout, arrive enfin à un petit nombre de marmites de fer, couchées horizontalement au-dessus de fourneaux ardens, et chauffées au rouge : véritables têtes du grand tuyau à air, dont il vient de voir les ramifications extrêmes sous forme de becs de lampe, à l'autre extrémité de la ville. Ces marmites de fer, que renferment-elles ? — *du charbon de terre.*

Ainsi donc cet éclairage à air, c'est en définitive un *éclairage au charbon de terre*. Voilà certainement une singularité qui prête aux antithèses : « tirer une telle flamme de ces pierres noires, c'est bien tirer de l'obscurité la lumière ; passe encore de s'éclairer avec du suif, de la bougie, de l'huile, mais avec ces pierres noires ! Il faut le voir pour le croire. » — Toutefois, d'étonnement en étonnement, notre pénétrant villageois en vient à s'étonner aussi que de l'huile, de la bougie, du suif, on puisse tirer une flamme, et qui plus est, une flamme pareille, en petit, à celle de l'éclairage à air ; il va même jusqu'à se reprocher de ne s'être pas étonné de cela plus tôt.

« Car, se dit-il, y a-t-il en réalité, plus de rapport entre la flamme de la lampe et le liquide jaunâtre qui l'alimente, ou bien entre la flamme de la chandelle et la graisse de bœuf ou de mouton, qu'il n'y en a entre ces flammes de l'éclairage à air et la pierre noire *qui leur fournit leur air ?*

A ces derniers mots, une idée lui vient : » ces flammes de la lampe, de la chandelle, de la bougie, se demande-t-il, « ne leur serait-il pas aussi fourni de *l'air à éclairage ?* ».

Puis, comme les pensées les plus simples se présentent toujours les dernières, il se dit enfin à lui-même : « mais est-ce donc d'aujourd'hui que je vois le charbon de terre donner de la flamme ? N'en donne-t-il pas depuis long-temps à l'atelier du forgeron ? Dans ce cas-là, se produit-il de *l'air à éclairage ?* — Ce n'est pas d'aujourd'hui non plus, ajoute-t-il, que je vois le bois donner de la flamme dans l'âtre : se produit-il dans ce cas de *l'air à éclairage ?* »

Cette suite d'observations, de questions, de recherches et de questions encore, se présente d'elle-même, du moins à qui apporte au spectacle qui nous occupe, un esprit libre de tout lien d'habitude ou de faux savoir; c'est-à-dire, une ignorance qui ne s'ignore pas elle-même.

Supposez à présent qu'il se passe en effet dans la flamme du charbon de terre à la forge, dans la flamme du bois à l'âtre, dans la flamme des chandelles, des bougies, des lampes, quelque chose de pareil à ce qui se passe dans cet *éclairage à air*, et que, par exemple, il y ait pour toutes ces flammes, formation d'*air à éclairage* : — voilà nos connaissances sur la flamme de notre foyer ou de nos flambeaux, convaincues de nous avoir laissé ignorer précisément ce qu'il importait le plus de connaître. De sorte qu'en dépit des milliers d'années écoulées, nous en sommes ici véritablement à l'apprentissage, à l'égard de faits incessamment renouvelés devant nous chaque jour : pour la première fois *instruisables*, comme dit Montaigne, parce que pour la première fois le grand obstacle à notre instruction est levé. C'est en voyant la flamme de notre éclairage ordinaire, séparée de tout ce qui, pour nous, constituait cet éclairage, que nous commençons à y remarquer ce qui y joue le principal rôle. C'est, en ne voyant plus ni bougie, ni suif, ni huile, ni mèche, que nous apprenons à chercher dans nos chandelles, dans nos bougies et dans nos lampes, *l'air combustible* que nous n'y soupçonnions pas.

Mais si une chose aussi anciennement connue que la flamme des lampes, des bougies, des chandelles, du bois, du charbon de terre, est venue presque jusqu'à ce jour sans nous être réellement connue, quelle confiance pouvons-nous avoir désormais à nos connaissances de nom et d'apparence? quels faits, si respectablement dénommés et décrits qu'ils soient, pourraient dorénavant se croire à l'abri de notre attention, et se refuser à notre examen? *Voici donc, comme je vous le disais, toute chose redevenue pour nous, matière à examen, à conjecture, à vérification.*

Vérification.

Vérifions à présent une à une les conjectures de notre observateur, et d'abord en ce qui regarde la flamme du charbon de terre, voyons s'il s'y produit de *l'air à éclairage*. Pour cela que faut-il? obtenir cette flamme *à quelque distance* du charbon de terre. Mais c'est précisément le fait que nous montre l'éclairage à air, ou comme on dit, l'éclairage au gaz (1); car il nous importe assez peu que cette distance soit de quelques pouces, de quelques lignes, ou bien de quelques centaines de toises. Nous

(1) Ce mot de *gaz* n'implique pas que les *airs* auxquels on l'applique soient invisibles (comme le sont l'*air ordinaire*, le gaz *oxigène*, le gaz *nitrogène* ou *azote*, le gaz *hydrogène*, le gaz *acide carbonique*, et comme ne l'est pas le gaz *chlore*); mais seulement que, visibles ou invisibles, ces *airs* gardent constamment leur forme d'air par les variations naturelles et actuelles de *pression atmosphérique* et de *température*.

n'avons donc plus rien à apprendre sur ce chapitre; nous ferons bien pourtant de répéter l'expérience en petit.

Rien n'est plus facile : prenons un tube de verre, bouché par un bout; mettons-y un peu de charbon de terre en morceaux et chauffons ce charbon de terre à travers le verre, à la flamme d'une chandelle, en ayant soin toutefois de tourner le tube pour que la chaleur lui arrive peu-à-peu et uniformément :—il se produit bien des choses; malheureusement le noir de fumée dont la chandelle couvre le verre, nous cache la majeure partie de ce qui se passe. Vous voyez pourtant de l'humidité se déposer dans la longueur du tube, puis une vapeur jaune en sortir, puis des gouttelettes huileuses, jaunes d'abord, puis de plus en plus brunes, de plus en plus épaisses, s'amasser peu-à-peu; vous les pouvez faire écouler sur un morceau de papier; leur odeur ne vous est que trop connue. Ne se forme-t-il donc pas d'air invisible? nous avons deux moyens de nous en assurer; le moyen ordinaire, qui, vous le savez, est de recourber et de faire aboucher dans un liquide, dans une cuvette d'eau je suppose, l'extrémité, ouverte de notre tube. — Dans ce cas, vous voyez des bulles d'air ou de gaz venir crever à la surface de l'eau. Qu'à cet endroit soit un verre renversé, plein d'eau : vous y verrez monter les bulles, et l'eau, dans le verre, faire place peu-à-peu au gaz dégagé.

L'autre moyen c'est, au lieu de recueillir ce gaz sur l'eau, d'approcher de l'extrémité ouverte de notre tube, une allumette enflammée ; la flamme de l'allumette, très sensiblement rabattue, atteste dès l'abord un courant continu qui s'échappe du tube; vous remarquez aussi diverses petites explosions, mais nous ne réussissons pas à obtenir une flamme continue ; il nous faudrait pour cela donner à notre tube une embouchure beaucoup moins large : en y ajustant un tuyau de pipe, je suppose. Approchez (en maintenant toujours le charbon de terre au-dessus de la chandelle), approchez une allumette enflammée de l'extrémité ouverte du tuyau de pipe : cette fois, plein succès ! un petit jet de flamme jaune se forme au bout de notre tuyau de pipe et continue de s'y montrer ; puis il diminue peu-à-peu et s'éteint, sans doute parce que la provision de charbon de terre essayée est épuisée de son produit gazeux.

Cette expérience est bien grossière ; mais enfin elle nous a montré *l'éclairage au gaz*, et la flamme du charbon de terre à six pouces de ce combustible. Une fois que nous consentions à ne pas voir ce qui se passait dans le tube, nous eussions eu plus tôt fait de prendre une pipe entière, d'en remplir le foyer avec du charbon de terre pilé, puis de la boucher, et recouvrir avec de l'argile ; mettant le tout au feu, nous aurions eu, à l'approche d'une flamme d'allumette, la même flamme jaune, à l'extrémité du tuyau de pipe.

Voulons-nous, au contraire, mieux voir ? d'abord il nous faut remplacer la flamme de la chandelle par une flamme d'esprit-de-vin : allumant une mèche de coton plongée dans une petite fiole de ce liquide. A cette flamme, le tube de verre restera intact au-dehors, et ce qui s'y passe au-dedans ne cessera pas d'être visible. Vous pourrez suivre les différens faits de vaporisation et de condensation qui se succèdent, et aussi la production de gaz ou vapeur incondensable. Voulez-vous activer l'opération, appliquez à la flamme, soit votre souffle à l'aide d'un chalumeau, soit mieux encore (si toutefois vous en avez l'occasion), le double soufflet à pédale de l'émailleur. Ne vous arrêtez pas en si beau chemin. Si vous faites tant de perfectionner votre flamme d'esprit-de-vin, perfectionnez aussi votre tube de verre : avant que d'y mettre le charbon de terre, fermez-le par un bout à la flamme, et soufflez-y une boule comme celle du thermomètre, de laquelle ensuite (courbant le tube à la flamme) vous ferez une panse de cornue. Votre charbon de terre en morceaux étant introduit dans cette panse, au lieu d'ajouter au bec de votre cornue un tuyau de pipe, vous étirerez le verre à la flamme, ce qui vous donnera, sans attache, un tuyau infiniment plus fin et plus élégant que le tuyau de pipe. Enfin, si ce n'était abuser de votre bonne volonté, je vous demanderais de souffler un ou deux renflemens dans la longueur du col de votre petite cornue de verre, où pût s'arrêter une partie au moins des vapeurs condensées en route, et s'établir de véritables réservoirs d'eau, d'huile, de goudron.

Approchez une allumette enflammée de l'extrémité ouverte de votre appareil, la flamme jaune s'y montre aussitôt, et le col effilé de votre cornue continue de brûler comme un petit cierge, tant que la décomposition du charbon de terre pourvoit à son approvisionnement de gaz. Mais voici une autre flamme jaune qui se montre au-dessus de la flamme de l'esprit-de-vin... c'est le gaz qui, par son expansion sur le verre amolli et trop mince, s'est fait jour de ce côté et s'est allumé aussitôt. Regardez à présent ce qui reste du charbon de terre : au lieu de faces planes et luisantes, vous avez une sorte d'éponge cassante, d'un gris d'acier qui est du *charbon* de charbon de terre, du *charbon* de houille (1), ou, comme on dit, du *coke*.

Ainsi, en faisant du gaz à éclairage; vous avez fait aussi du *charbon;* cela est à noter pour nous le rappeler ailleurs, la réciproque n'étant pas moins vraie : à savoir, qu'en faisant du charbon vous feriez aussi du gaz.

En faisant du gaz, vous avez fait, en outre, du goudron. Je ne dis rien des autres substances qui, soit à l'état liquide, soit à l'état de va-

(1) Ce nom, généralement adopté aujourd'hui et que nous emploierons désormais, consacre la mémoire d'un bourgeois de *Liège*, du douzième siècle, OLLIUS ou HOLLIUS, le père (en Europe du moins) de cette exploitation souterraine qui, « depuis l'invention de la machine à vapeur est devenue avec le fer et presque au même degré, l'âme de l'industrie. » Vous avez vu *Marco-Polo* s'étonner, au treizième siècle, de trouver au *Catai « une manière de pierres qui brûlent comme bûches.* » — *Simple discours* SUR LES VOYAGES DE MARCO POLO ; page 135.

peurs, soit à l'état de gaz, se sont dégagées aussi, sans que vous les ayez pu distinguer, si ce n'est peut-être à leur odeur. Il y a ici une distillation trop compliquée pour que vous en saisissiez tous les détails du premier coup. Quand je dis *distillation*, j'entends séparation de substances que la chaleur de notre flamme d'esprit-de-vin constitue, d'une manière passagère ou permanente, à des états de densité divers. La séparation de ces substances ne peut pas, du reste, être suivie de leur réunion; la distillation de la houille en est la *décomposition*. Une portion, telle que le *charbon* (ou du moins *partie du charbon*) reste fixe dans la cornue; tout le reste se réduit en vapeurs de différentes espèces; les unes sont susceptibles de se condenser par le refroidissement et de reparaître sous forme liquide ou solide; les autres restent constamment à l'état aériforme. Enfin de celles-là, les unes sont absorbées par certains liquides tels que l'eau, les autres traversent l'eau impunément, et peuvent être absorbées par la chaux, la potasse, etc.; d'autres enfin ne sont absorbées par aucune substance. Nous aurions ici bien des résultats successifs à étudier, nous y reviendrons; car ce n'est pas tout d'avoir obtenu une flamme au bout du tuyau de pipe ou du col effilé de notre cornue de verre; il nous faut blanchir et argenter cette flamme jaune et opaque. Ce n'est pas assez d'avoir inventé l'éclairage au gaz de houille, nous avons encore à le perfectionner. Vous entrevoyez du reste aisément, d'après ce qui précède, le traitement que nous aurons à faire subir à notre gaz pour le débarrasser des gaz étrangers ou nuisibles qui s'y mêlent.

De ce qui s'est passé dans notre cornue, arrivons à ce qui se passe dans la cheminée pendant la combustion de la houille. Là aussi a lieu une distillation, une décomposition de la houille, et c'est le gaz dégagé pendant cette distillation, non plus à vase clos mais à vase ouvert, qui forme la flamme que ce combustible nous présente. Mettez un petit morceau de houille sur quelques charbons embrasés et observez ce qui se passe.

Voulez-vous, à cette heure, soumettre le bois à pareille épreuve et vous convaincre qu'il se fait aussi une distillation, une décomposition, une gazéification pour la production de la flamme d'une bûche ou d'une allumette?

Substituez, dans le tube de verre ou dans la cornue de verre, substituez aux petits morceaux de houille deux ou trois allumettes dont vous avez ôté la partie soufrée ou quelques brins de copeaux, puis exposez-les, à travers le verre, à la flamme de la chandelle, ou mieux, comme tout-à-l'heure, à la flamme de l'esprit-de-vin, ou, plus simplement encore, à la chaleur d'un petit feu assez vif de charbon. — Le premier fait qui attire votre attention, c'est un dégagement d'humidité extraordinaire, et, pour ainsi dire, inépuisable. La fumée laiteuse qui s'échappe, l'huile et aussi le vinaigre qui se forment, empêchent que nous puissions allumer, à l'extrémité du tube, le gaz qui en sort : le courant est rendu sensible par l'inclinaison de la flamme d'allumette que vous en approchez. Vous avez peine à concevoir qu'un si petit morceau de bois puisse produire tant de choses. — Enfin, voici une flamme pâle qui s'allume à l'approche de la flamme d'allumette, à l'extrémité ouverte du tube, mais elle dure peu. Vous sentez du reste que, pour mieux réussir dans cette expérience, il nous eût fallu isoler le gaz produit des vapeurs condensables ou absorbables qui s'y joignent; il nous eût fallu ne l'allumer, par exemple, qu'après lui avoir fait traverser l'eau d'une ou de deux bouteilles. Voyez, à cet égard, l'appareil distillatoire figuré dans notre entretien sur la Composition de l'eau (1), vous reconnaîtrez aisément ce qu'il y aurait à en retrancher et à y ajouter pour remplir ici notre but.

Qu'arrive-t-il, dans la cheminée, à la bûche que vous mettez au feu, en travers (2)? Ce qui arriverait à

(1) Vingt-et-unième volume de *La Science populaire*, page 11.

(2) Et qu'arriverait-il à la bûche que vous

un tube de verre ouvert par les deux extrémités, où vous auriez mis quelques brins de copeaux, et que vous chaufferiez par le milieu. La bûche est composée d'une infinité de petits tubes ouverts par les deux bouts, et qui, par les deux bouts, donnent issue aux liquides que la chaleur du feu vaporise, lesquels, avant de sortir du bois, se condensant en partie, s'écoulent en bouillonnant. La distillation, la décomposition, la gazéification continuent dans les petits tubes; puis, un moment vient où le gaz produit se fait jour (comme dans le tube de verre amolli tout-à-l'heure au-dessus de la lampe à esprit-de-vin et crevé par l'expansion du gaz de la houille); que ce gaz rencontre dans le feu assez de chaleur (1), il

chaufferiez par un bout seulement? C'est un essai pour lequel il vous suffit d'une branche d'arbre de quelques pouces de long, coupée bien nettement à la scie.

(1) Sans attendre que ce dernier fait ait lieu, approchez, ne fût-ce qu'à un pouce ou deux de distance, une allumette enflammée de la bûche chauffée : — le gaz invisible qui s'en échappe et qui l'entoure, s'allume, et

se met à brûler aussi et la flamme paraît, le feu flambe, dit-on. Vous pouvez même observer que ce flambage ne commence pas sans une faible explosion, comparable à celle qui se produit quand on allume le gaz à éclairage; vous annonçant, en l'un et l'autre cas, un mélange d'air ordinaire ou plutôt de gaz *oxigène* et de gaz *hydrogène*, c'est-à-dire la présence de ce que nous avons appelé *l'air détonant* (1). Ainsi, indépendamment du fait de la combustion (c'est-à-dire du fait de recomposition qui a lieu entre l'oxigène de l'air et les diverses substances combustibles incluses dans le bois, telles que l'hydrogène et le charbon ou carbone); indépendamment de ce fait de combustion, a lieu, dans la cheminée, un fait de distillation ou

vous voyez une flamme descendre de l'allumette à la bûche. S'y maintient-elle : cela vous annonce qu'un dégagement de gaz continue à la chaleur même que le gaz précédemment dégagé produit en brûlant.

(1) *Simple discours* SUR LA COMPOSITION DE L'EAU, page 97.

de décomposition, dans lequel la bûche fait office de cornue, et pour lequel est employée la chaleur même dégagée dans le premier fait. Quant aux produits de la distillation qui échappent à la combustion, vous les trouvez mêlés aux produits fixes ou volatiles de la combustion elle-même, soit dans le foyer où vous les voyez sous forme de cendre ou de braise, soit dans le tuyau de cheminée où ils s'élèvent avec l'air chauffé à l'état de vapeur invisible ou de vapeur visible (*de fumée*), et où, par le refroidissement, ils se déposent en partie à l'état de *suie*. Vous pouvez remarquer que la portion de suie qui est le plus rapprochée du foyer est noire et brillante; la partie supérieure, au contraire, offre une masse moins cohérente et terreuse.

Au reste, indépendamment des faits de décomposition que présente ici la combustion, nous aurions à noter des faits de recomposition présentés par la distillation même. Sans doute il ne se refait pas plus ici du bois, qu'il ne se refaisait tout-à-l'heure de la houille; mais, du gaz hydrogène dégagé par la distillation et de l'oxigène fourni par l'air, il se forme ce composé que nous avons étudié l'autre jour et que nous serions tenté d'appeler *oxide d'hydrogène*, s'il était possible de lui ôter le nom d'*eau*. Du gaz hydrogène dégagé par la distillation, et du carbone dégagé aussi, mais constitué par la combustion à l'état de gaz oxide ou acide, c'est-à-dire diversement combiné, selon la température, avec l'oxigène, — il se forme divers composés gazeux d'une volatilité constante ou variable, appelés par les chimistes carbures d'hydrogène, tels que le *gaz à éclairage* ou *gaz oléfiant* et diverses huiles gazéifiées avec lui, mais condensables. Il se forme encore d'autres corps, plusieurs acides par exemple, et notamment l'acide acétique ou vinaigre pur. « Tous ces produits, nous dit M. Berzelius (1), composés de carbone, d'hydrogène et d'oxigène, prennent naissance durant la première moitié de la distillation. Pendant la seconde

(1) Tome VI, page 632.

moitié, l'affinité du carbone pour l'oxigène est tellement prépondérante qu'on n'obtient que des combinaisons binaires (d'élémens unis deux à deux)... Lorsqu'une matière végétale renferme en même temps du nitrogène (ou azote), celui-ci se combine avec l'hydrogène et donne naissance à de l'ammoniaque..... »

Vous concevez que pour distinguer ce qui appartient ici à la combustion et ce qui appartient à la distillation, il faudrait isoler autant que possible ces deux faits l'un de l'autre. Quant aux produits condensables, un copeau, un morceau de papier, un morceau de toile ou de coton, allumés par vous sur une tablette de marbre ou bien au-dessous d'une soucoupe ou d'un verre, — vous les donneront à voir, à sentir, à goûter.

Cela vu, il vous reste bien peu de chose à découvrir dans l'inflammation des chandelles, des bougies, des lampes. Vous avez déjà remarqué que bougies, chandelles et lampes ont cela de commun d'être alimentées par un combustible liquide; ce liquide est préparé d'avance, dans les lampes, et se prépare au fur et à mesure, dans les bougies et les chandelles; requérant dans ce dernier cas, pour sa liquéfaction, une température plus élevée; restant, dans l'autre, à l'état liquide, par la température ordinaire de nos climats, du moins en certaines saisons. La graisse se change, à la chaleur, en huile; et l'huile se change, au froid, en graisse. Vous avez vu les compagnons du capitaine Ross (1), tirer contre une planche par une température de 40 degrés, une balle d'*huile d'amande douce* et la balle rebondir à terre sans se casser.

Huile ou graisse, que devient le combustible liquide des lampes et des chandelles? vous le voyez d'abord monter dans les interstices capillaires (2) de la mèche de coton,

(1) *Simple discours* SUR LE SECOND VOYAGE DU CAPITAINE Ross; page 206.

(2) *Capillaires* c'est-à-dire aussi fins que des cheveux; *cheveu* se disant en latin *capillus*.

comme vous voyez monter l'eau dans un morceau de sucre que vous y trempez à peine. Cette ascension des liquides au-dessus de leur niveau, est un fait que je recommande à votre attention. Il est désigné dans les livres de physique sous le nom de *capillarité* ou d'*attraction capillaire.*

Approchez maintenant un charbon embrasé, soit d'une mèche de chandelle qui a été précédemment allumée et a gardé, à l'état solide, le liquide gras qui y était monté,— soit d'une mèche de lampe imbibée d'huile : aussitôt il s'en échappe une fumée blanche et une odeur forte, qui attestent une décomposition, non pas seulement de la mèche, mais aussi et surtout de la substance grasse qui s'y est logée, liquide à présent des deux parts. Activez avec votre souffle la combustion du charbon... Le voici qui se revêt d'une flamme. Le peu de suif ou d'huile qu'il a pris en touchant la mèche (ou le bord de la chandelle), s'est-il décomposé en gaz inflammable, à cette température plus forte? Il n'y a pas à en douter après ce que nous avons déjà vu. - Nous pouvons reproduire le même fait en laissant tomber quelques gouttes d'huile ou de graisse sur des charbons embrasés.—Cette flamme, qui nous empêche de la séparer comme celle de la houille ou du bois, de la substance qui, à ce que nous supposons, lui fournit son *air combustible* ? (1)

Pour cela, au lieu de faire tomber les gouttes de graisse, de cire ou d'huile sur des charbons embrasés; faisons-les tomber une à une dans un petit tube de verre ou mieux de fer, incliné, qui soit à la température de ces charbons et rouge comme eux; faisons aboucher directement ou indirectement l'extrémité inférieure du tube dans l'eau d'une cuvette ou d'un flacon. Sans doute une partie de la matière grasse échappe

(1) A qui eût-on appris que la graisse qui découle du gril sur les charbons ardens, fait flamme, sans mèche ? mais qui eut jamais l'idée de faire de cette flamme un éclairage, avant l'éclairage au gaz d'huile de morue, de M. *Philippe Taylor* ?

à la décomposition et ne fait que se vaporiser ; elle reprend son premier état en se condensant dans l'eau qui la refroidit ; mais la plus grande partie se décompose, comme l'attestent les bulles de gaz incondensé qui montent à travers l'eau et que vous pouvez recueillir comme à l'ordinaire dans un verre renversé au-dessus, plein d'eau ; ou mieux encore dans un tube fermé à l'une de ses extrémités par un bouchon où soit implanté un prolongement à fine embouchure tels qu'un tuyau de pipe ou de verre étiré. Ouvrant ce tuyau de pipe, à l'approche d'une allumette enflammée, vous obtenez la même flamme qu'avec le gaz de houille, sinon plus vive encore.

Cela fait, vous vous trouvez avoir, de l'huile et du suif, extrait un *gaz préparé d'avance*, tout aussi bien que de la houille ou du bois. Vous voilà convaincus que c'est bien ce gaz (lequel dans ce cas se fabrique au fur et à mesure) qui se forme pour que la flamme des chandelles, des bougies et des lampes ait lieu. En sorte que depuis la flamme de l'âtre jusqu'à celle des cierges, depuis la flamme de la racine résineuse des montagnards corses, jusqu'à celle des bougies diaphanes, tous les genres d'éclairage artificiel usités jusqu'à cette heure, sont, aussi bien que la flamme des mystérieux candélabres de nos quais et de nos places, — des *éclairages au gaz*. Toute la différence est que, dans l'ancien éclairage, le *gaz*, se fait immédiatement et sur place, au fur et à mesure de la consommation et à la chaleur même que produit la combustion du gaz précédemment dégagé; tandis que, dans le nouvel éclairage, le gaz se fabrique ailleurs et d'avance, à la chaleur d'une combustion qui lui est étrangère.

Revenons à présent à ce qui se passe dans la mèche de la chandelle; la petite flamme qui s'est formée sur le charbon embrasé avec lequel nous avons touché la mèche, nous en a détournés, sans nous la faire perdre de vue. Prenez une chandelle allumée : vous pouvez d'abord remarquer que le liquide monté dans la mèche y bouillonne sans cesse, c'est-à-dire s'y vaporise. Cette vaporisation est bien plus sensible, lorsque vous soufflez la chandelle, par la colonne de fumée blanche et infecte qui s'en élève. Si dans ce moment vous tenez une autre chandelle allumée à quelque distance de la mèche fumante, une flamme s'y montre de nouveau qui descend de la chandelle allumée à la chandelle soufflée : — attestant la présence d'un air ou gaz inflammable, dans l'espace intermédiaire. Si la mèche a cessé d'être rouge, le fait n'a plus lieu. « La fumée qui se forme alors, écrit M. *Berzelius*, consiste principalement en eau, *huile empyreumatique* et *vinaigre*, tandis qu'à une chaleur plus considérable, le carbone aurait décomposé ces corps, formant avec eux du gaz *oxide carbonique*, des gaz *carbures d'hydrogène* et un peu de gaz *acide carbonique*. »

Ici, comme dans le feu de bois ou de houille, à l'âtre, il se passe à-la-fois un fait de combustion et de distillation, tant de la mèche de coton que de la matière grasse (1). Une fois la chandelle allumée, c'est à la chaleur qui accompagne la combustion du produit gazeux de la distillation antérieure, que se fait la distillation qui continue, et la production de gaz combustible qui en fait partie. Quant aux produits de ces deux faits, ils se mêlent, et ici comme dans le cas de la houille ou du bois, pour les distinguer, il faudrait avant tout séparer les deux faits qui leur donnent naissance.

L'huile et la graisse sont des composés d'hydrogène et de charbon ou *carbone*. Leur combustion c'est-à-

(1) La distillation de la mèche rentre dans celle du bois. Vous pouvez, au reste, avec l'huile du moins, remplacer la mèche de coton par quelques filamens d'amianthe, qui, vous le savez, est incombustible. Vous en avez pour cet usage, n'étant pas, je suppose, sans avoir quelques vieilles fioles de briquets sulfuriques dits *physiques* ou *à allumettes rouges*. Il vous suffira d'extraire l'amianthe qu'elles contiennent, et pour le débarrasser d'un reste d'acide, de le mettre quelques instans sur une pelle rouge.

dire leur combinaison avec l'oxigène de l'air doit donc produire de l'*eau* et de l'*oxide*, ou de l'*acide carbonique*. Quant à leur distillation, les résultats en seraient, si la décomposition était complète, du gaz hydrogène, carboné à des degrés divers; gaz invisible comme le gaz hydrogène pur; gaz combustible comme lui, mais qui présente une flamme beaucoup plus éclairante.

Voici bien long-temps que je vous parle de gaz qui *présentent une flamme*, qui *forment une flamme*, qui *sont nécessaires pour la production d'une flamme* : mais quel rapport entre ces gaz et ces flammes? Nous voyons la flamme; nous ne voyons pas le gaz. Nous obtenons bien le gaz isolément de la flamme; mais dans la flamme que devient le gaz? Je ne voudrais pas répondre encore à cette question, tant pour vous laisser le plaisir d'y répondre vous-mêmes, que pour me réserver de rendre à qui de droit, la réponse que cette question a reçue. (1)

Dès à présent vous pouvez remarquer à sa mobilité, à sa forme, à sa position, que la flamme, toute couleur à part., a toutes les allures d'un gaz. Supposez, comme nos précédentes expériences vous y obligent, un dégagement de gaz autour de la partie supérieure de la mèche; le dégagement d'un gaz plus léger que l'air ordinaire; le dégagement d'un gaz arrêté dans son essor par sa combinaison continue à l'extérieur, avec l'oxigène de l'air.—Mais, dans ce dard de flamme ou de gaz, le gaz n'est pas invisible.—Vous avez raison, il n'est pas ce qu'est le gaz froid ou médiocrement chauffé. Le charbon froid ou médiocrement chauffé n'est pas non plus, à l'œil, ce qu'est le charbon sous le soufflet de forge, ou brûlant dans l'oxigène pur. Je m'arrête, j'en ai trop dit. (2)

(1) Voyez les observations de Davy, sur la flamme; *Simple discours* SUR LA LAMPE DE SURETÉ.

(2) Nous avons vu (*Simple discours* SUR

Distinction des produits.

Reprenons avec plus de détails les procédés de fabrication du gaz à éclairage.

Nous avons isolé la flamme de la houille, de ce combustible, et constaté la présence du gaz avant que le gaz passât *à l'état de flamme* ; à cela près, nous avons confondu presque tous les produits de la distillation : essayons à cette heure, de les distinguer.

LA VIE DE FRANKLIN, page 126) la question suivante entre celles que s'était posées la *Junte*, « à quoi tient-il que la flamme de la chandelle tend à s'élever en pointe. »— Que cette flamme soit un gaz, et, sinon de l'hydrogène pur, du moins un gaz où l'hydrogène domine, la question se trouve résolue.

Mais comment se fait-il que cette flamme ne prenne pas de plus bas ? C'est tout simplement que plus bas, il n'y a pas assez de chaleur pour produire la décomposition d'huile ou de graisse ; décomposition d'où le gaz formant la flamme résulte ; point de gaz, point de flamme.

« Par la distillation, écrit à ce sujet M. *Dumas* (tome 1er de la *Chimie appliquée aux arts*), les houilles fournissent *un résidu charbonneux.* » — Nous l'avons vu rester dans notre tube de verre : c'est le coke.

« *De l'eau imprégnée de sels ammoniacaux.* » Il nous eût suffi de condenser en plus grande quantité les vapeurs aqueuses qui se dégagent au début de l'opération, pour reconnaître à son odeur, le produit infect dont parle ici le Chimiste.

« *Du goudron* ». C'est le nom sous lequel on réunit les diverses vapeurs combustibles, invisibles ou jaunâtres, qui se condensent peu-à-peu sous forme d'huile brune, puis noire, de plus en plus consistante, et figée enfin comme de la poix.

« *Des gaz consistant en hydrogène plus ou moins carboné, oxide de carbone, acide carbonique, acide hydrosulfurique* et *sulfure de carbone* en vapeur : produits qui varient en raison de la composition des houilles. »

Nous connaissons déjà l'hydrogène ; mais ce n'est pas de l'hydrogène pur qui se dégage ici, comme l'atteste assez la comparaison de la flamme vive et colorée que donne l'éclairage, avec la flamme diaphane et à peine visible de jour, que nous a donné l'autre fois le gaz hydrogène au bout du tube de verre (1); c'est de l'hydrogène, nous dit-on, mais uni à du charbon ou *carbone*: c'est de l'hydrogène *carboné à des degrés divers.*

L'hydrogène carboné est, dans l'opération qui nous occupe le produit principal. Quel est, des divers hydrogènes carbonés, celui qui a le plus de prix? C'est le plus éclairant; et le plus éclairant, c'est le plus carboné; nous verrons prochainement comment cela se fait. Ce gaz est principalement celui que les chimistes désignent sous le nom de carbure dihydrique ou *gaz oléfiant*. Ce mot *oléfiant* (c'est-à-dire, en latin, *devenant huile*) se rapporte à la manière dont le gaz en question se conduit, à l'abri de la lumière, avec

(1) *Simple discours* SUR LA COMPOSITION DE L'EAU, page 94.

le gaz chlore, se condensant en ce cas, en un liquide huileux ou plutôt éthéré que M. *Berzelius* appelle éther chloreux. On se sert de la propriété que possède le gaz chlore de condenser ainsi rapidement le gaz à éclairage, pour découvrir la présence de ce dernier, ou déterminer sa quantité dans un mélange gâzeux, en déterminant la diminution de volume que le contact du gaz chlore fait subir à une mesure donnée du mélange essayé.

Toutes les houilles sont loin de donner la même proportion de gaz oléfiant : ainsi, le charbon cannelle, le *cannel coal* (cann'le-côle) des Anglais, donne un tiers de lumière de plus que la houille ordinaire. Au commencement du travail on obtient plus de gaz oléfiant que vers la fin, parce qu'à une température élevée, ce gaz perd en partie son carbone (1); la quantité de gaz oléfiant

(1) Aussi, pour le décomposer, suffit-il de lui faire traverser un tube rougi ; l'hydrogène sort seul et il se dépose du charbon noir dans le tube.

fourni par le charbon-cannelle s'élève d'abord à *seize* pour *cent* du volume du gaz et n'est plus vers la fin que de *six* à *quatre* pour *cent*. La houille ordinaire donne d'abord *dix*, et vers la fin *deux* seulement pour *cent* de gaz oléfiant. L'emploi de l'huile pour l'éclairage au gaz, paraît avoir cet avantage qu'il est entièrement au pouvoir du fabricant de produire plus ou moins de gaz oléfiant, en appliquant une chaleur modérée ou violente.

Si le tuyau rougi dans lequel l'huile se décompose, n'est que d'un rouge obscur, il se forme peu de gaz et beaucoup d'huile empyreumatique; si au contraire le tuyau est rougi au blanc, il ne se produit guère que de l'hydrogène faiblement carboné. C'est quand la chaleur est d'un rouge cerise, uniforme, que l'huile donne le plus de gaz oléfiant, lequel s'élève alors à un tiers du gaz dégagé. Nous verrons tout-à-l'heure que le gaz de l'huile contient beaucoup plus de gaz oléfiant que le gaz de houille; ce gaz oléfiant étant le *gaz éclairant* par excellence, c'est lui qu'il faut nous procurer en aussi grande quantité que possible, et isoler de notre mieux des autres gaz qui s'y joignent.

Passons à ces autres gaz. Nous avons d'abord « *le gaz oxide de carbone.* » Vous avez remarqué peut-être la petite flamme bleue qui s'élève dans les fourneaux de cuisine, au-dessus du charbon embrasé, quand le courant d'air qui a lieu pour la combustion du charbon, est trop faible relativement au volume de charbon incandescent; eh bien, le gaz oxide de carbone (combinaison de l'oxigène de l'air et du charbon, dans laquelle l'oxigène se trouve dans la proportion la plus faible) est le gaz autrement invisible, dont cette flamme bleue vous annonce la présence. — A ce propos vous me rappelez cette demi-enveloppe bleue qui sert d'enveloppe inférieure à la flamme de la chandelle, de la bougie, de la lampe, et que vous retrouvez jusque dans la flamme de l'éclairage au gaz : cette enveloppe bleue, me dites-vous, annoncerait-elle, en cette partie de la flamme, la présence du gaz oxide de carbone? C'est une conjecture qui ne manque pas de vraisemblance; elle prouve, au reste, que le seul mot de *flamme* de chandelle ou de lampe, ne dit pas tout ce qu'il y a à savoir sur cet objet. Avez-vous remarqué aussi cet espace obscur en pointe, au-dessus de la mèche, et au cœur même de la flamme? puis sur les côtés, en dehors de la flamme, avez-vous remarqué cette enveloppe inéclairée où la chaleur est plus forte que partout ailleurs, comme vous pouvez le voir en posant horizontalement en travers, un petit fil de laiton ou de fer : vous le voyez se gonfler et rougir seulement aux deux bords extérieurs de la flamme. — Ainsi, dans une même flamme, il y a plusieurs flammes; et, dans une même flamme aussi des températures diverses, mais ne nous arrêtons pas; continuons notre revue des produits gazeux de la houille.

Nous arrivons au « *gaz acide carbonique,* » ou comme nous avons dit ailleurs à « la vapeur invisible de charbon». C'est une combinaison du charbon avec une plus forte proportion d'oxigène que le gaz précédent; c'est à proprement parler, le *résultat gazeux de la combustion du charbon*, soit dans nos fourneaux, soit dans la cheminée, soit dans un éclairage quelconque; partout où il y a combustion de charbon, il y a formation de gaz acide carbonique; faisons seulement en sorte qu'il y en ait le moins possible dans l'air que nous respirons.

Sa présence se reconnaît, avons-nous vu (1), par la combinaison visible qu'il forme avec la chaux dissoute (invisible) dans l'eau, c'est-à-dire par le nuage de *carbonate de chaux* ou de *craie* délayée qui se produit. Ce gaz ne peut pas servir à l'éclairage ou du moins à la combustion, sans être décomposé; il est plus court de s'en défaire, et le moyen, c'est de lui présenter l'une des substances avec lesquelles il se combine aisément, celle que nous venons de citer, par exemple; c'est de le

(1) *Simple discours* SUR LA COMPOSITION DE L'AIR, page 40.

mettre en contact avec de la chaux.

Passons au « *gaz acide hydrosulfurique.* » Celui-ci ne peut être bon à rien; de plus, mêlé à l'air dans la proportion d'un sixième pour cent, il est mortel. Il suffit qu'il y soit en proportion infiniment plus faible pour causer des maux de tête insupportables. En outre, il agit sur l'argent, le cuivre, le plomb, toutes les couleurs métalliques, et les noircit rapidement.

Il n'y a pas plus de bien à dire « du sulfure de carbone »; il ne réagit pas, il est vrai, à la manière des acides, mais il forme, par la combustion de son soufre, l'une des vapeurs les plus suffocantes et les plus délétères : celle-là même qui s'élève, si piquante, de l'allumette qui commence à brûler, le gaz *acide sulfureux.*

Ces produits sulfureux proviennent du sulfure de fer ou pyrite de fer qui se rencontre si souvent dans la houille, et se reconnaît à ces parcelles d'un jaune d'or que l'on y voit briller. De toutes les substances accessoires que renferme la houille, celle-ci est la plus fréquente et la plus funeste, formant à-la-fois, avec l'hydrogène, l'acide hydrosulfurique et avec le carbone, le sulfure de carbone.

Il faut donc tenter de nous défaire de ces deux produits. Nous nous occuperons ensuite de recueillir et tenir en dépôt le gaz débarrassé, autant que possible, de ces nuisibles accessoires; puis enfin de le faire parvenir à sa destination.

Procédés de fabrication.

En somme, la fabrication du gaz à éclairage, par la distillation de la houille en vase clos, se compose :

De l'appareil dans lequel la houille est chauffée;

De l'appareil où le goudron et l'eau ammoniacale se condensent;

De l'appareil où les gaz inutiles ou nuisibles, précédemment échappés à la condensation, sont absorbés par combinaison chimique;

De l'appareil où le gaz à éclairage, ainsi débarrassé des produits accessoires condensables ou absorbables, est tenu en réserve, en dépôt, en magasin, à une pression constante qui permette d'en régulariser la distribution;

Enfin, de l'appareil par lequel cette distribution a lieu, et à l'extrémité duquel se fait la consommation.

Tous ces appareils n'en forment qu'un seul. Notre grossier essai de distillation de la houille pourra vous aider, moyennant quelques faciles additions, à vous figurer cet appareil dans son ensemble.

Et d'abord il s'agit de remplacer, par un *tube de fer*, notre tube de verre qui nous a joué un si vilain tour, ouvrant au-dessus du foyer une issue au gaz que nous voulions conduire ailleurs. En dépit de leur nom, les *cornues* usitées dans les usines à gaz, pour la distillation de la houille, ne sont pas autre chose que des tubes de fer de cinq pieds de long, de quinze pouces de diamètre, d'une contenance de cent kilogrammes de houille, couchés horizontalement, trois par trois ou cinq par cinq, au-dessus du feu. Il faut ajouter que ces tubes de fonte sont aplatis à leur partie inférieure et présentent ainsi, de face, la forme de la lettre D renversée, ainsi qu'il suit ⌓.

Cette forme est loin d'être indifférente. « L'expérience a montré, écrit M. Dumas, que la quantité d'huile ou de goudron, ainsi que celle du coke, est plus grande lorsque la température de la décomposition est plus basse; tandis que ces mêmes produits se forment en moindre proportion par une température élevée. Celle du gaz, au contraire, est plus grande à une haute température, c'est-à-dire que l'on obtient d'autant plus de gaz qu'il se produit moins de goudron. Les cornues dans lesquelles on distille la houille doivent donc être choisies de manière à pouvoir supporter une forte chaleur rouge, et doivent, en outre, être disposées de manière qu'on puisse exposer, le plus complètement possible, à cette haute température, la matière qu'elles contiennent. »

Lorsqu'une cornue, remplie de houille (1), est soumise à l'action de la chaleur, la décomposition commence dans les portions de houille qui touchent aux parois, et il se forme une couche de coke dont l'épaisseur augmente continuellement. C'est à travers cette couche de coke que la chaleur doit pénétrer pour arriver aux portions intérieures. Le coke étant un assez *mauvais conducteur* de la chaleur, il arrive qu'à mesure que la couche de coke augmente, la production du gaz se ralentit. « Il est donc de la plus haute importance de donner aux cornues une forme telle que l'épaisseur de la couche de houille soit peu considérable. »

L'orifice de chaque cornue est saillant au-dehors, et se ferme au moyen

(1) Le coke occupant plus d'espace que la houille, la cornue ne doit pas être exactement remplie de houille. Un hectolitre de houille rend à-peu-près un hectolitre et quatre dixièmes de coke et exige sept dixièmes de ce même coke pour sa carbonisation, à supposer que l'opération dure six heures.

d'un couvercle à oreilles fixées par des vis, et mastiqué avec un lut terreux. L'opération dure généralement de quatre à six heures. L'ouvrier fait éclater le lut en frappant quelques coups ; le gaz resté dans la cornue s'échappe par les fissures ; on l'enflamme ; on desserre les vis ; on enlève le bouchon de fonte taillé en biseau ; on arrache le coke au moyen d'un ringard ; on l'étale sur le sol où il ne tarde pas à s'éteindre ; on remplit de nouveau la cornue et l'on recommence. Le déchargement et le chargement d'une cornue ne doivent pas prendre plus de trois minutes.

Dans la distillation en grand, un kilogramme de *cannel-coal* fournit 320 litres de gaz ; même poids de houille ordinaire anglaise en donne 230 ; même poids de houille du nord de la France, en produit 210. Les quantités varient, du reste, d'après la durée de la distillation et la température à laquelle elle est faite. Le *cannel-coal* n'est, en outre, à préférer qu'autant que l'on ne tient pas à la quantité ou à la qualité du coke.

Mais ne perdons pas de vue notre appareil. Nous avons vu que notre tuyau de fonte s'ouvrait au-dehors pour le chargement et le déchargement : il va sans dire qu'il est bouché à l'autre extrémité, engagé de ce côté par des crochets dans la maçonnerie du four. Que deviennent donc les produits vaporeux ou gazeux de la distillation ? — Au bout de notre tuyau de fonte, et à sa partie supérieure, s'élève un tube qui leur donne issue ; pareil tube s'élève ainsi de l'extrémité et à la partie supérieure de chacune des cornues de ce four, et de chacune des cornues des fours voisins.

Chacun de ces tubes se recourbe sous l'eau dont est à moitié rempli un autre tuyau beaucoup plus gros, placé horizontalement au-dessus de tous les fours. Vous voyez d'abord que les cornues sont, de la sorte, complètement isolées les unes des autres. Les fuites, les interruptions de travail et accidens quelconques arrivés à l'une d'elles, n'influeront en rien sur l'ensemble. Vous devinez ensuite qu'une partie des produits distillatoires, que le tube supérieur de chaque cornue apporte dans ce réceptacle commun, va se déposer dans l'eau sous laquelle ces tubes y arrivent. Aussi est-il bientôt rempli d'huile, de goudron, d'eau ammoniacale (1); ce gros tuyau *isolant* est donc en même temps un tuyau *condensateur?*

Toutefois, si l'isolement est complet, la condensation est encore bien imparfaite.

Vous vous rappelez le petit appareil (tube de cuivre ou d'étain, replié sur lui-même en spirale) dans lequel nous avons l'autre jour (2), dans notre distillation pure et simple de l'eau, condensé le gaz aqueux ou la vapeur d'eau. Eh bien! c'est un ap-

(1) Du bout de ce gros tuyau nommé le *tuyau hydraulique* ou le *barillet*, descend un tuyau de décharge fermé par un robinet qui, dans l'intervalle des opérations, permet au goudron et aux eaux ammoniacales de se rendre dans une caisse intérieure destinée à les recevoir. Nous verrons tout-à-l'heure ce qu'on en fait.

(2) *Simple discours* SUR LA COMPOSITION DE L'EAU, pages 8 et 11.

pareil de ce genre, mais autrement disposé, qu'il nous faut ici pour achever, si faire se peut, la condensation des gaz huileux ou bitumineux contre lesquels le trajet du tuyau hydraulique n'a rien fait. Supposez que, de ce gros tuyau, les gaz qui l'ont traversé impunément soient astreints à monter, à descendre, à remonter, à redescendre encore dans une sorte de *serpentin* formé, non de courbures à peu de chose près horizontales, mais verticales, ou, pour mieux dire, composé d'un certain nombre de tubes posés debout et plongeant par le pied, deux à deux, par exemple, ou trois à trois, dans une boite ou une caisse d'eau. Les gaz éprouvés auraient ainsi à traverser l'eau de chacune de ces boîtes pour passer de l'un de ces tubes en l'autre; puis ils auraient à remonter de la hauteur de l'un de ces tubes, — à redescendre de la hauteur du tube voisin et à parcourir la courbure qui les joint par le haut, — pour passer de l'une à l'autre de ces boîtes.

Vous apercevez sans peine ce que deviendraient les substances gazeuses condensables et liquéfiables; l'eau des boîtes en garderait une partie. Une autre partie se déposerait sur les tubes dressés, et, d'après leur position, s'écoulerait dans le liquide où ils plongent. D'après leur position aussi, le nettoyage de ces tubes serait facile.

C'est l'ensemble de ces tubes et du bain dans lequel ils sont dressés, qui constitue aujourd'hui le *condensateur* des usines à gaz (1); on a soin de le placer au nord; quand on le peut, on y fait tomber sans cesse au-dehors une pluie d'eau froide. Du condensateur, le gaz restant est conduit à travers une caisse d'eau qu'il traverse de bas en haut, et, moyennant certains compartimens, de manière à y faire le plus de chemin possible : c'est le *laveur*. Là encore s'opère une condensation et aussi une absorption partielle de gaz absorbables par l'eau, tels que le gaz acide carbonique.

(1) La disposition des condensateurs verticaux n'est pas tout-à-fait celle que je viens de décrire; il me suffit d'en faire saisir le principe.

Vient ensuite l'épreuve qui doit débarrasser le gaz tant de son acide carbonique que des combinaisons gazeuses du soufre, soit avec l'hydrogène soit avec le carbone : c'est l'épreuve de l'*épurateur* ou *purificateur*. « Les premiers fabricans de gaz se bornaient à choisir les houilles les moins sulfurées, à faire subir au gaz un lavage et à lui faire traverser des tubes de fer rougis. Mais ces moyens étaient insuffisans. Il fallait trouver une substance qui pût s'emparer de l'hydrogène sulfuré sans affecter l'hydrogène carboné. Telle est la chaux dont l'affinité pour l'hydrogène sulfuré était connue depuis long-temps. Ce fut le docteur Henri de Manchester qui en 1808 suggéra le procédé, mis dès-lors en usage, qui consiste à mêler la chaux à l'eau en quantité suffisante pour former une masse à demi liquide appelée crême de chaux et à la faire traverser le plus lentement possible au gaz. Pour empêcher la chaux de déposer et la mettre le plus possible en contact avec le gaz, une roue armée d'ailes, agite sans cesse la masse. » (1)

Au bain de crême de chaux, l'on substitue aujourd'hui un lit épais de foin ou de mousse, barbouillés de chaux; le gaz entrant par le bas et sortant par le haut, effleure, dans cette heureuse disposition due à M. *Bérard*, une surface de chaux immense. Divers moyens ont été employés aussi pour prévenir la pression que le gaz, ralenti dans son cours, peut exercer sur les cornues rougies; l'un de ces moyens consiste à aspirer constamment le gaz des cornues, au moyen de pompes qui le refoulent ensuite en des vases dont les uns renferment de l'eau de chaux et les autres de l'acide sulfurique. M. *Darcet* a le premier employé cet appareil pour l'éclairage de l'hôpital Saint-Louis: les pompes y sont remplacées par une *vis d'archimède* mise en mouvement par une machine à vapeur de la force de deux chevaux.

(1) *Traité sur le gaz*, publié par M. Gibb. *Merle*, page 19.

Malgré tous ces essais, l'on n'a pas encore réussi à se débarrasser totalement de l'acide hydrosulfurique. De là l'odeur fétide qu'exhale le gaz quand il s'échappe sans être brûlé ; de là les vapeurs d'acide sulfureux qu'il répand souvent quand on le brûle. « Il est possible, écrit M. *Dumas*, qu'une partie de ces effets doive être attribuée à un peu de sulfure de carbone. Mais il est certain que le plus souvent le gaz livré au consommateur renferme assez d'acide hydrosulfurique pour noircir promptement les sels de plomb : effet que le sulfure de carbone ne produit pas. *On ne connaît aucun moyen propre à débarrasser le gaz, du sulfure de carbone* ; mais il en est beaucoup qui pourraient le débarrasser de l'acide hydrosulfurique.. Pour parvenir à une épuration convenable, ajoute-t-il, il faudrait séparer nettement la préparation du gaz et sa purification. La préparation du gaz devrait être faite à une très faible pression. On devrait le recueillir dans un réservoir particulier après sa sortie du condensateur ; ce réservoir rempli, on ferait passer le gaz à travers les éponges de chaux, d'où il se rendrait dans un second réservoir. »

Le tuyau qui reçoit le gaz au sortir de l'épurateur porte un robinet qui permet d'en recevoir un jet sur un morceau de papier enduit d'une dissolution d'acétate de plomb, laquelle est fortement noircie par l'acide hydrosulfurique, et de s'assurer ainsi de son degré de purification. (1)

Occupons-nous à cette heure du réservoir où ; lavé et purifié, le gaz

(1) « Comme il suffit de la plus simple opération chimique pour constater la pureté et l'impureté du gaz, il serait à desirer que le gouvernement chargeât l'Inspecteur général de l'éclairage, de s'assurer de temps en temps de la qualité de celui qui est fourni par les différentes usines, et d'en faire son rapport. Le consommateur lui-même ne pourrait-il pas en outre présenter au jet de gaz, un papier trempé dans du blanc de plomb et observer les taches brunes qui dénoncent la présence de l'acide hydrosulfurique.

est tenu en arrêt et en dépôt. La distillation ne le fournissant pas en égale quantité pendant tout le temps qu'elle dure, il ne peut être livré directement au consommateur, après sa purification. Il est de toute nécessité que le plus ou moins d'abondance dans la production du gaz soit sans effet sur son courant dans les tuyaux de conduite.

Que faudrait-t-il pour cela ? Un réceptacle mobile, dont la capacité augmentât ou diminuât selon la quantité de gaz qui s'y trouverait : cédant à la pression exercée par le gaz et n'exerçant sur le gaz, pour son émission, qu'une pression constante qui serait celle que l'on desire.

Nous avons déjà employé plusieurs fois, pour recueillir divers gaz, l'appareil appelé cuve ou cuvette pneumatique, présentant un verre à boire ou une cloche renversés pleins d'eau et posés dans l'eau, sur une planche trouée. (1)

(1) Voyez *Simple discours* SUR LA COMPOSITION DE L'AIR, page 32 ; *Simple discours*

Eh bien, suspendons cette cloche à un fil passant au-dessus de la cloche sur une petite poulie, puis allant s'appuyer à quelques pouces de là sur une seconde poulie, et enfin portant à son extrémité libre un poids égal au poids de la cloche : le

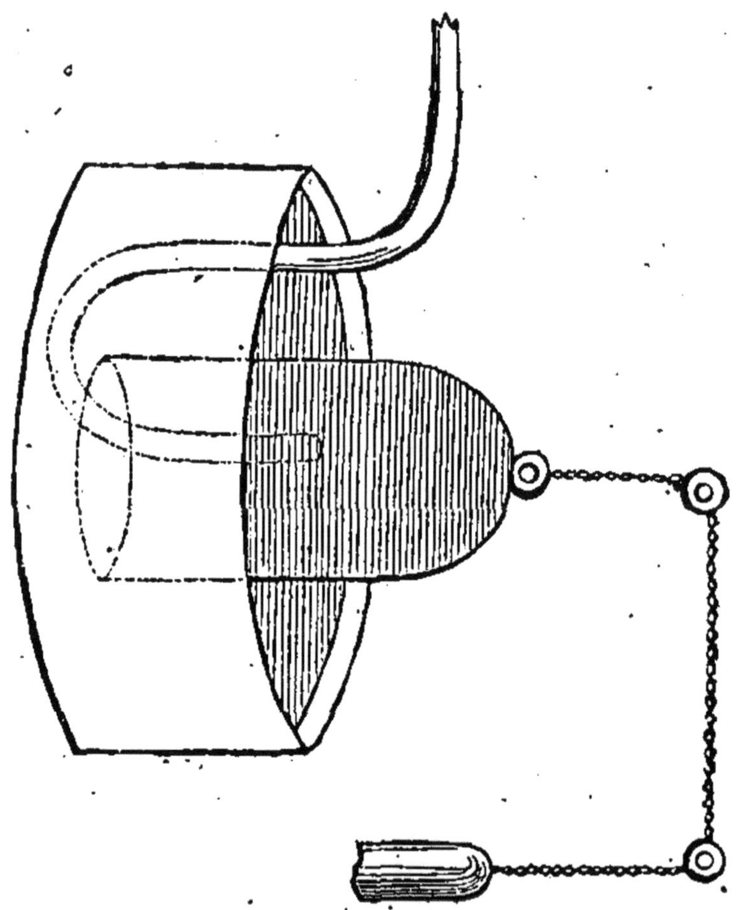

réceptacle mobile et à capacité variable dont nous avions besoin pour

SUR LA COMPOSITION DE L'EAU, pages 11 et 92.

l'emmagasinage de notre gaz à éclairage, est trouvé. Ce réceptacle porte dans les usines françaises le nom de gazomètre. Un nom analogue au mot anglais *gaz-holder* (teneur de gaz, magasin de gaz) lui conviendrait mieux, indiquant mieux son usage. C'est la partie de l'appareil, qui, vu ses énormes dimensions, attirera d'abord vos regards, lorsque vous visiterez une fabrique de gaz.

Ce gazomètre se compose d'une sorte de cloche ou grande caisse cylindrique, en tôle ou en zinc, ouverte par le bas seulement : suspendu dans l'eau d'une citerne où elle plonge, et tenue en équilibre par un contrepoids au-dehors, de manière à être soulevée par l'arrivage du gaz. D'abord le gazomètre est complètement rempli d'eau ; le gaz arrivant, déplace peu-à-peu cette eau, montant à la partie supérieure du cylindre. Puis, il élève le cylindre lui-même au-dessus de l'eau, sans toutefois l'en sortir tout-à-fait. Le gazomètre est tenu en suspension par une chaîne passant sur deux poulies et portant à son extrémité un contrepoids. Le poids de la chaîne et celui du cylindre du gazomètre doivent être calculés de manière qu'à mesure que la cloche sort de l'eau (et augmente en poids comme vous savez, du poids de la quantité d'eau qu'elle déplaçait) — de manière, dis-je, que l'équilibre continue de subsister; le gaz ne devant pas éprouver dans le gazomètre une pression qui se propagerait dans tout l'appareil et que la fonte rougie ou le lut des fissures ne pourraient supporter. (1)

Dans la description donnée par M. *Merle* (2), avant de passer de l'épurateur au gazomètre, le gaz traverse un instrument dans lequel il se trouve mesuré, et que l'on appelle le *compteur*. A défaut de compteur une échelle sur la cloche du gazomètre, qui détermine sa hauteur, donne la quantité de gaz qu'elle contient, mais imparfaitement vu l'action du soleil sur le gaz, et la di-

(1) On est maître de régler la pression exercée sur le gaz, en diminuant le contrepoids.

(2) *Traité sur le gaz*, page 163.

latation momentanée qu'il peut ainsi subir.

Je ne sais si je parviendrai à vous donner une idée du compteur, dont l'invention remonte à 1816 et est due à M. *Clegg*. La figure ci-dessous me viendra en aide. Cet instrument se

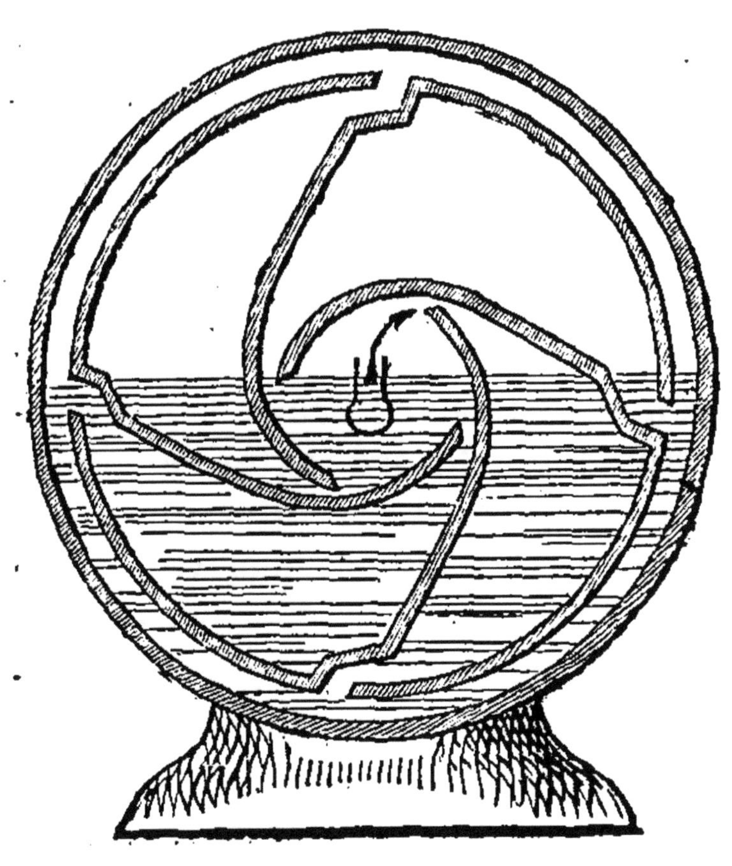

compose d'une sorte de tambour à demi rempli d'eau et divisé en quatre compartimens par des cloisons en S, mobiles comme l'essieu auquel elles sont fixées et dont elles forment les ailes (1). Le gaz, à sa sortie du dépurateur, arrive au-dessus de l'eau, comme l'indique la flèche, sous la courbure de l'une de ces cloisons, laquelle cloison est aux trois quarts submergée, — la soulève et la tire entièrement de l'eau, remplissant bientôt tout le compartiment qu'elle forme, et tirant ce compartiment tout entier de l'eau, — par sa pression sur la cloison supérieure, soulevée, et la rotation de l'essieu. Une fois ce compartiment tout entier hors de l'eau, l'issue qu'il offre au gaz, à la circonférence, se trouve libre et le gaz passe dans un cylindre extérieur enveloppant, d'où il se rend par une issue que vous ne pouvez pas voir, dans le tuyau qui s'abouche sous l'eau du gazomètre. En même temps du nouveau gaz était arrivé, au-dessus de l'eau, sous la courbure de la cloison inférieure du compartiment de tout-à-l'heure, la soulevait, la tirait de

(1) La figure ci-contre présente une section de face, faite parallèlement au cadran.

l'eau ; le second compartiment que cette cloison forme au-dessous d'elle, arrivant enfin tout entier hors de l'eau, le gaz qu'il renfermait, trouve de même une issue à la circonférence, pendant que du nouveau gaz, arrivé sous la cloison inférieure de ce second compartiment, la soulève de même... En somme, quatre réservoirs de gaz sont ainsi alternativement remplis et vidés, remplis une fois à chaque tour de roue ; on sait quelle est leur capacité totale et l'on sait le chiffre des tours de roue. « Le gaz fabriqué est, de la sorte, mesuré avec autant de certitude et de facilité que la progression des heures au moyen d'une pendule. » Ce compteur appelé *le grand compteur* pour le distinguer des petits appareils de ce genre avec lesquels le consommateur est admis, par certaines compagnies du moins, à mesurer le gaz qu'il dépense (1), —

(1) « La *Compagnie européenne* adopte presque exclusivement le système de *vente de gaz au compteur* : mesure qui en marquant la quantité du gaz fourni, donne au consommateur la faculté de brûler aussi peu

ce grand compteur doit avoir les dimensions proportionnées au nombre et à la force des fourneaux. « M. *Crosley* en fait à Londres qui mesurent trente ou quarante mille pieds cubes de gaz en une heure et il y a joint un ingénieux accessoire, le *rapporteur* qui accuse la quantité de gaz distillée par chaque heure et donne ainsi le moyen de contrôler le travail des ouvriers, de jour comme de nuit. Il s'agit d'une pointe de crayon dont le mouvement et le tracé sur un carton blanc, est subordonné au mouvemcnt de rotation de l'axe du comptcur.

Mais continuons de suivre le gaz : nous l'avons laissé dans le gazomè-

ou autant de gaz qu'il lui est agréable ; ne payant que pour ce qu'il a consommé, il n'est pas forcé d'employer le gaz à heures fixes et peut économiser aussi bien qu'il le ferait avec l'huile ou la chandelle. Le Havre, Amiens, Caen, Boulogne-sur-Mer ont préféré ce système à celui de l'*abonnement.* » Donner le *gaz* courant *à la mesure*, c'est faire la concurrence la plus directe au *gaz portatif.*

tre. Nous devions dire que deux tuyaux abouchent à cette cloche, tous deux munis de robinets, l'un par où le gaz arrive et l'autre par où il se rend à sa destination. Si l'on ferme le robinet d'entrée, le gazomètre reste dans sa position, à moins que, par un changement de température, l'élasticité du gaz n'augmente ou ne diminue. Quand on veut faire écouler le gaz, on ouvre le robinet de sortie : aussitôt le gazomètre commence à baisser; la pression qu'il exerce et dont on est maître, s'étend aux ramifications les plus éloignées. Le moindre changement dans cette pression est ressenti au même instant à l'extrémité de tous les conduits et modifie du même coup toutes les lumières. Des ouvriers dirigent l'émission du gaz au moyen d'une valvule à coulisse ou soupape qu'ils ouvrent et ferment à des degrés différens, selon les besoins de la consommation aux différentes heures. Les instrumens que l'on a essayé de substituer à ces ouvriers n'ont pas encore donné de résultats complètement satisfaisans.

Il nous reste à parler des conduits (1); les plus gros, voisins de l'usine, ont jusqu'à dix-huit pouces de diamètre, et se déchargent en d'autres tuyaux, également en fonte, de six pouces de diamètre. Ces derniers peuvent donner une écoulement de six cents pieds cubes par heure, sous une pression de *deux pouces d'eau*. On dispose ces tuyaux, autant qu'on le peut, en ligne droite, et on leur donne, de distance en distance, une légère inclinaison, avec un réservoir dit *siphon*, dans l'angle formé par les deux pentes, afin de retrouver à des points déterminés, les dépôts d'huile et de bitume que produit à la longue le gaz même le mieux purifié. Ce sont ces dépôts (qui trop

(1) « Le terrain de l'usine doit être spacieux et s'il y a moyen *situé un peu bas*, afin que le gaz ait dans son cours une ascension graduelle. » M. *Merle* fait remarquer à ce sujet que l'une des plus importantes usines de Paris est établie dans un endroit tellement élevé qu'il faut employer une pression énorme pour faire arriver le gaz aux extrémités des conduits.

souvent contiennent autre chose encore que de l'huile et du bitume) que vous voyez vider de temps à autre, dans les rues, avec de petites pompes.

Les tuyaux détaillans sont en plomb le plus souvent; vous les connaissez.

Nous voici arrivés à la partie de l'appareil qui correspond à notre tuyau de pipe, ou mieux, à notre tube de verre étiré; nous voici arrivés aux becs de lampes, en *anneau*, en *pied de coq*, en *éventail*, en *aile de chauve-souris*, etc. Bien des circonstances influent ici fortement sur la quantité de lumière produite, telles que la forme et la dimension de la flamme, la disposition du bec, la forme de la cheminée, la température du gaz. Nous verrons prochainement le grand chimiste anglais, *Davy*, découvrir la circonstance fondamentale dans laquelle la plupart de ces diverses circonstances accessoires se résument.

MM. Christison et Turner ont

trouvé, par des expériences très délicates, que la forme et l'extension de la flamme exerce une si grande influence sur son pouvoir éclairant, que la quantité de lumière répandue par la combustion d'un même volume de gaz peut varier de 1 à 6. Mettez en place le verre d'une lampe d'Argand, de façon que la flamme acquière le plus d'intensité possible : vous la voyez diminuer de volume et augmenter d'éclat. Diminuez alors le courant d'air qui lui arrive au milieu de l'anneau formé par la mèche : par exemple, en mettant le doigt sous l'ouverture centrale... la flamme devient plus grande et moins vive. Si vous vous placez en même temps de manière à tourner le dos à la lampe, vous voyez la chambre plus faiblement éclairée.

D'après les expériences de MM. Christison et Turner, le pouvoir éclairant de la flamme est à son maximum, quand on fait arriver avec le gaz exactement la quantité d'air nécessaire à sa combustion. « La flamme du gaz qu'on brûle dans un bec d'Argand augmente de longueur et de faculté éclairante à mesure qu'on diminue le courant d'air, — jusqu'à ce que la partie supérieure de la flamme commence à brunir et à se rétrécir ; c'est le point à partir duquel la lumière diminue. Loin de gagner, on perd donc réellement, quand on porte l'accès de l'air audelà de cette limite. Il résulte, en outre, des expériences de ces savans, que si l'on augmente la hauteur de la flamme, en faisant arriver une plus grande quantité de gaz, sans changer le courant d'air, — la faculté éclairante croît dans une proportion beaucoup plus grande que la combustion du gaz (1). Faute d'es-

(1) Soit un bec d'Argand d'un diamètre de neuf lignes, approvisionné de la quantité de gaz convenable pour produire une lumière égale à celle d'une chandelle moulée ; dans ce cas, il se consume près de 18 pouces cubes de gaz en une heure. Que l'on augmente la provision de gaz de façon à égaler la lumière de quatre chandelles, la consommation est audessous de 48 pouces par heure. Ainsi, dans le premier cas, dépense de 18 pouces cubes par heure pour la lumière d'une seule chandelle ; dans le second cas, de 6 pouces.

pace, je vous renverrai au *Traité sur le gaz* (page 202), où les expériences de MM. Christison et Turner sont rapportées avec plus de détail. Vous y trouverez diverses observations relatives au diamètre des trous, à leur distance, etc.

Vous savez, du reste, que l'intensité comparative de deux lumières s'estime par l'intensité comparative des ombres qu'elles projettent. Comme la comparaison de l'ombre produite par deux lumières inégales, placées obliquement à égale distance d'un corps opaque (d'un livre, je suppose, dont l'ombre est reçue sur un papier blanc), — comme cette comparaison, dis-je, serait assez difficile, on place les lumières essayées de façon qu'elles produisent une ombre égale, ce qui exige l'éloignement plus ou moins grand de l'une d'elles, éloignement que l'on mesure; la mesure

Cette expérience a été poussée progressivement jusqu'à ce que la lumière du bec d'Argand égalât la lumière de dix chandelles. Au-delà, le gaz produisait de la fumée.

de cet éloignement est la mesure de l'inégalité des deux lumières essayées. Ce procédé si simple a reçu, du comte de *Rumford*, le nom de *photomètre*, c'est-à-dire en grec *mesureur de lumière*.

Je ne vous dirai rien des divers usages des autres produits de la distillation de la houille. Quelques-uns, tels que le coke, le goudron, indépendamment de la vente à laquelle ils peuvent donner lieu, trouvent leur emploi dans l'usine même qui les produit. Le prix de la houille et du coke influent surtout sur le prix du gaz. M. *Merle* cite un établissement de gaz à Berlin, où l'excédant du coke couvre entièrement le prix de la houille, et où le fabricant obtient son gaz sans autres frais courans que la chaux, l'usure et la main-d'œuvre. « Mais, dit-il, cette vente de coke est fort variable. » La facilité dans la vente du coke, a fait employer le goudron comme combustible (1). La défense d'exposer à l'air la chaux épuratrice, l'a fait em-

(1) Voyez le *Traité sur le gaz*, page 101.

ployer en guise de ciment pour la clôture des cornues. Quant au goudron, le dallage et le pavage artificiels, récemment introduits à Paris, pourront lui donner plus de valeur; en attendant, il sert à enduire les appareils. L'eau ammoniacale est un produit bien repoussant par son odeur, et qui n'a aucune valeur dans les villes où il n'existe pas de fabriques de produits chimiques. Dans les usines où la vente n'en est pas possible, et où l'on ne peut pas plus s'en défaire que de la chaux épuratrice, on la met sous les fourneaux.

Point de vue économique.

M. *Dumas*, considérant le nouvel éclairage sous le point de vue économique, se pose ces trois questions : « si l'éclairage au gaz de la houille est préférable à l'éclairage à l'huile? — Si l'éclairage au gaz de l'huile est préférable à l'éclairage à l'huile? — Si l'éclairage au gaz de la houille est préférable à celui du gaz de l'huile?

Pour la première question, il distingue les grands et les petits établissemens, met en ligne de compte le prix de la houille, celui du coke, la facilité de se défaire de ce dernier. Il reconnaît que la lumière de l'éclairage au gaz est double de celle que donne l'éclairage à l'huile, et qu'elle est payée moitié moins. Un exemple bien qu'assez peu récent, peut servir à rendre ici les résultats sensibles; le gaz de l'hôpital Saint-Louis, à servi à l'éclairage de 320 becs qui ont remplacé 127 lampes, occasionant une dépense annuelle de 8000 francs en huile ou entretien. On estime que l'hôpital est trois fois mieux éclairé qu'il n'était, c'est-à-dire, que, pour 10,974 francs, on obtient en lumière de gaz l'équivalent de 24,000 francs en lumière d'huile.

« Quand on a deux cents becs au moins à alimenter (écrit M. *Dumas*, sur la seconde question) et que l'huile employée pour la fabrication du gaz, ne coûte que le tiers de l'huile à brûler, il y a bénéfice dans l'éclairage au gaz et lumière beaucoup plus belle. » Le calcul donne alors 10,600 francs pour 200 becs brûlant quatre heures par jour et consumant 40 litres de gaz par heure pendant 300 jours; — et 10,680 francs pour 200 lampes consumant 30 grammes d'huile par bec et par heure. Le prix est peu différent ; mais si l'on représente par *un* la lumière des lampes, on a *deux et demi* pour la lumière du gaz d'huile ; ce qui revient à dire que, par le gaz, on aura pour vingt ou vingt-cinq mille francs de lumière.

Quant à la troisième question, M. *Dumas* est d'avis que le gaz d'huile convient plus spécialement aux établissemens particuliers, et le gaz de houille aux grandes usines et au service public.

Le gaz d'huile dont il s'agit ici, est celui que l'on désigne communément sous le nom de *gaz portatif comprimé*. Le besoin d'éviter les frais immenses d'installation, du gaz de houille, à dû diriger de bonne heure, les esprits à la recherche d'appareils plus simples, du moins *sur le moment*, et, par exemple, à la suppression des conduits souterrains si coûteux; on eut alors l'idée de condenser du gaz, et de le transporter au lieu de consommation, mais le gaz de houille ne se prêtait pas à cette opération, vu l'énorme espace qu'il exige : « un bec de gaz houiller brûlant 8 heures, consomme 1120 litres de gaz, et en supposant qu'on le soumît à une pression de *trente-deux atmosphères*, le réservoir aurait 350 litres : dimension énorme encore. » Par sa densité beaucoup plus grande, le gaz d'huile, semblait s'offrir pour le service auquel le gaz houiller se refusait : « un bec de gaz d'huile, brûlant 8 heures, ne consommera que 320 litres de gaz, et, en supposant la même pression de *trente deux atmosphères*, le récipient se trouve réduit à 10 litres.» Vous voyez que dans l'éclairage portatif, il est indispensable d'employer le gaz d'huile (1). Avec un réservoir de 3 à 4 litres on peut se procurer une lu-

(1) Ajoutez que, avec la distillation de l'huile, on échappait à tout embarras de gaz acide hydrosulfurique et de vapeurs sulfureuses.

mière égale à celle d'une bonne lampe d'Argand, pendant six ou huit heures, presqu'à moitié prix.—Quant à l'économie du *gaz portatif* comparativement à celle du *gaz courant*, M. *Dumas* la compare en plaisantant, à l'économie que présente l'eau montée par les porteurs d'eau, sur l'eau des conduits qui nous vient toute seule.

Je ne vous parlerai pas des moyens employés pour comprimer le gaz, ou le tenir en dépôt, ni des ballons de gaz non comprimé que nous voyons circuler à présent dans Paris. Cela nous conduirait trop loin.

Quant à la fabrication du *gaz d'huile*, je n'ai plus rien à vous apprendre sur ce chapitre, après ce que nous en avons dit tout-à-l'heure. Voici du reste tout le procédé : on place dans un fourneau un cylindre de fonte rempli de morceaux de coke bien pur (ou de brique) ; on porte ce cylindre au rouge naissant ; un tuyau y amène goutte à goutte, de l'huile provenant d'un réservoir placé au-dessus. L'huile traverse l'éponge de coke ou de brique, se décompose (au moins en partie), et s'échappe à l'état de gaz ou de vapeur, par un tuyau parallèle au premier et placé de même au-dessus de la cornue, mais à son autre extrémité. Ce tuyau ramène ce produit gazeux dans l'huile du réservoir; là, se dépose l'huile non décomposée que le gaz a entraînée avec lui. Quant au gaz, il sort par un tube qui s'élève à la partie supérieure du réservoir et se rend (à travers une cuve d'eau ou d'huile appelée le *laveur*) dans un gazomètre. Les morceaux de coke ou de brique n'ont d'autre objet que de multiplier les surfaces de chauffe pour l'huile et par conséquent les points de décomposition; l'éponge qu'ils forment ne tarde pas à être encrassée d'un *dépôt de charbon* que l'huile y laisse et doit être alors renouvelée (voyez ci-après le *Supplément*).

L'huile employée dans cette fabrication, est de ces huiles infectes qui ne sauraient servir directement à l'éclairage; le même traitement à été appliqué aux matières grasses des savonneries; au goudron; à l'huile de poix et, plus récemment, à l'huile de résine.

Un litre d'huile donne environ sept cents litres de gaz, lequel contient quelquefois de 30 à 40 pour cent de *gaz oléfiant*, et quelquefois aussi, n'en contient que 18 à 25. Le pouvoir éclairant du gaz d'huile est conséquemment très variable, et dépend beaucoup de la température à laquelle a lieu la distillation. « En général, écrit M. *Berzelius*, le gaz de l'huile éclaire deux fois, deux fois et demie mieux qu'un volume pareil de gaz de houille. »

C'en est assez, je pense, sur la fabrication du gaz à éclairage; si vous desirez quelques renseignemens de plus, vous pouvez consulter, outre les ouvrages précédemment cités, le livre de M. *Péclet*; vous y trouverez un tableau comparatif des diverses sortes d'éclairage, de leur intensité et de leur prix relatifs.

Disons à présent quelques mots de l'histoire du nouvel éclairage.

Histoire de l'éclairage au gaz.

L'invention de l'éclairage au gaz, ou pour parler plus correctement, l'application à des usages domestiques de la combustion du gaz émis dans la distillation des matières hydrogénées et carbonées, appartient à un Français, l'ingénieur Lebon, sur lequel les historiens anglais du nouvel éclairage gardent le plus profond silence et sur lequel aussi les notices françaises s'énoncent généralement avec une désespérante brièveté. (1)

(1) « *Il paraît* que dès 1786, un ingénieur français, *Lebon*, établit à Paris un appareil d'éclairage par le gaz... *Il paraît* aussi que Lebon essaya l'emploi de la houille; mais ses recherches restèrent sans résultat. » Voilà les termes dans lesquels s'énonce l'un de nos dictionnaires technologiques les plus récens et les plus estimés. Assurément le silence des Anglais est préférable. La famille de Lebon paraît disposée à revendiquer hautement pour lui, la reconnaissance qui lui est

Les premières tentatives de Lebon nous reportent à l'époque où les expériences pneumatiques de *Priestley*, *Scheele*, *Cavendish*, *Lavoisier*, prenant sans cesse un extension nouvelle, tendaient de plus en plus à sortir du laboratoire et à se faire jour dans l'industrie pratique (1); el-

due ; tous les amis du progrès sont, à cet égard, de sa famille.

Ces « *il paraît* » me rappellent qu'ayant un jour demandé une notice biographique à la *Bibliothèque du Conservatoire des Arts-et-Métiers*, il me fut répondu qu'il n'y avait pas de biographie à cette Bibliothèque. C'est une lacune qu'il suffira, je pense, de faire connaître pour qu'elle soit comblée; pas un mot de biographie sur *Montgolfier*, *Monge*, *Berthollet*, *Chaptal*, *Conté*, *Parmentier*, *Rumford*... ! La vie de ces hommes n'appartient-elle pas comme leurs œuvres, à la Science et aux Arts? Serait-elle sans effet sur l'imagination de leurs jeunes disciples ?

(1) C'est à la même époque qu'appartient le changement apporté par *Ami* ARGAND, de Genève, à la construction des lampes, changement si simple et pourtant si longtemps attendu; point de départ et d'impulsion à tous les perfectionnemens introduits

les sont d'un contemporain et d'un émule des *Montgolfier*. Nous avons vu (1) les Montgolfier imiter la nature en donnant des enveloppes très légères à des nuages factices. *Lebon*, écrit M. *Francœur* (2), *observant que le feu de nos cheminées jette beaucoup de lumière*, conçut l'idée de faire servir le même foyer au chauffage et à l'éclairage. Cette pensée, il la réalisa, et il est resté l'inventeur du procédé usité maintenant, quoique l'on ait renoncé à ce double emploi du combustible, à cause de l'odeur intolérable qui s'exhalait de son appareil.

« L'ingénieur français *Lebon*, écrit M. *Simon* de Nantes (3), songea sérieusement pour la première fois en 1785, à faire servir à des usages domestiques la combustion du gaz produit par la distillation du bois. Il chauffait le bois en vases clos et

depuis lors, dans la *conduite* des flammes d'éclairage. — Voyez le *Simple discours* SUR L'HISTOIRE DE L'ÉCLAIRAGE.

(1) *Simple discours* SUR LES AÉROSTATS.

(2) *Élémens de technologie*, page 151.

(3) *France industrielle*, 1837, page 370.

obtenait (outre le charbon et l'acide acétique, dit acide pyroligneux ou vinaigre de bois), de l'hydrogène carboné, en quantité assez notable pour l'appliquer au *chauffage* et à *l'éclairage* des appartemens ; dans ce but il fit connaître quelques années plus tard, un appareil de son invention qu'il désignait sous le nom de *thermo-lampe* (1). Cet instrument d'un emploi et d'un maniement peu commode n'eut aucun succès comme meuble de ménage. Le gaz extrait du bois, trop peu riche en carbone, ne produisait d'ailleurs qu'une faible clarté... *Lebon* avait indiqué la houille comme propre à remplacer le bois avec avantage, dans la production de l'hydrogène carboné ; c'est là le grand mérite de ses recherches.

« Quant à la gloire de l'invention perfectionnée, elle revient en entier

(1) D'après deux mots grecs qui signifient l'un *chaleur*, et l'autre *lumière*. Vous savez combien, en brûlant seulement comme moyen d'éclairage, le gaz élève la température des salles qu'il éclaire.

à l'Anglais *Villiam* MURDOCH, de Soho près Birmingham.»

Dès 1792, M. *Murdoch* éclairait au gaz de houille sa maison et ses bureaux à Redruth, en Cornouailles. Toutefois ce n'est que six ans après (en 1798) qu'il tenta, mais en vain, d'appeler à lui les capitaux nécessaires pour une exploitation publique et brevetée. «En 1802, la renommée des expériences tentées en France par Lebon, vint à propos stimuler le courage abattu de M. Murdoch. Secondé par les riches manufacturiers de sa ville natale, il donna à la population de Birmingham le splendide spectacle d'une *illumination au gaz*, à l'occasion de la Paix d'Amiens.» Vers ce temps *Boulton* et *Watt* adoptèrent les idées de M. *Murdoch* pour leur propre usage, et éclairèrent en entier au gaz leur magnifique usine de Soho. D'autres applications particulières suivirent de près; notamment à la belle filature de M. Lee, à Manchester. En 1806, la société royale de Londres décerna à M. Murdoch la *médaille biennale de* RUMFORD, fondée par cet homme savant et bienfaisant pour les inventions relatives à la chaleur et à la lumière, sujet favori de ses études.

Restait l'application du nouvel éclairage aux usages publics; un Allemand nommé Winsor vint à bout de la faire accepter aux Anglais. L'appel fait par M. Murdoch aux capitalistes, ne les avait pas émus. Il n'en fut pas de même des promesses exagérées de M. Winsor et des espérances d'or qu'il sut faire naître. Dût-on livrer le gaz pour rien, on trouverait encore, à l'entendre, de magnifiques dividendes sur la vente du coke, du goudron, de l'ammoniaque. Bientôt fut fondée la *Compagnie nationale de lumière et de chaleur* (1) et en 1807, l'un des plus beaux quartiers de Londres se vit orné d'élégans candélabres dont l'é-

(1) Près de 50,000 livres st. (environ 1,250,000 francs) furent souscrites, à l'appel de M. *Winsor*. Mais cette somme se dépensa en somptueuses expériences, pour la purification du gaz et en essais sur son effet dans les rues.

blouissante lumière fit honte à la lueur embrumée du reste de la ville. Je ne ferai pas l'histoire de cette compagnie célèbre ; il suffit que par elle le *gaz-light* comme disent nos voisins (1), ait *pris racine* dans le sol, pour le service public. Depuis, il a singulièrement grandi de toutes parts, et surtout dans la ville qui l'accueillit la première. Le total de la consommation de houille de la *Chartered company* fondée à Londres en 1812 sur les débris de la précédente, était estimé, pour l'année, en 1833, à 3,600,000 hectolitres, donnant 7 millions de pieds cubes de gaz, fabriqués en vingt-quatre heures et distribués par 240 lieues de tuyaux ; depuis lors, il s'est formé une autre compagnie qui à elle seule compte plus de 120 lieues de tuyaux et en pose chaque jour.

« *Winsor*, écrit M. *Simon*, passa le détroit et vint en 1816 à Paris. Instruit par l'expérience, il fit con-

(1) Le mot anglais *light* répond à notre mot *lumière ;* prononcez *l'ail-te* comme dans notre mot *ail*.

naître l'industrie nouvelle avec toutes les améliorations dont elle s'était successivement enrichie ; et si pour le reporter à *Lebon* et à *Murdoch*, il faut lui retirer l'honneur de la découverte, que quelques écrivains mal informés lui ont attribué, accordons-lui, du moins, malgré tout son charlatanisme, celui d'en avoir le premier tiré parti pour l'éclairage des rues. »

Malgré la bonne volonté de M. *Winsor*, Paris ne s'est décidé que lentement à l'adoption du gaz-light. Il s'y est décidé à la fin pourtant, et aujourd'hui dans les quartiers même les plus éloignés du centre, les resplendissans candélabres vont détrôner les tristes réverbères. M. *Merle* cite, à Paris, trois compagnies pour le gaz houiller, indépendamment de la plus ancienne, connue sous le nom de Compagnie anglaise, et deux établissemens de gaz de résine. Une Compagnie anglaise, sous le nom de *Compagnie européenne*, éclaire au gaz les principales villes de France; elle se distingue ainsi que je vous l'ai dit, en ce qu'elle laisse au consommateur la faculté de prendre le gaz courant *à la mesure* ou *par abonnement*. Les villes de province où se trouvent des entreprises de gaz-light sont Nantes, Rouen, Lyon, St-Étienne, Marseille, Bordeaux, Tours, Elbeuf, Louviers, Nancy, le Havre, Amiens, Caen, Calais, Boulogne-sur-mer, Valenciennes, Roubaix, Arras, Orléans, Dijon, Dunkerque et Lille. L'éclairage de cette dernière ville est fait par une compagnie dont le siège est à Londres et qui a formé des établissemens à Gand, à Berlin, en Hanovre, à Amsterdam, à Rotterdam, etc. Il y a aussi du gaz courant dans les principales villes de Belgique, et aux Etats-Unis toutes les villes sont éclairées au gaz. Paris, Rouen, Mulhouse, Metz, Reims, etc., ont en outre des établissemens de *gaz portatif*.

Je vous ai dit que l'invention de *Lebon* ne devait pas être séparée des travaux de son temps, et que les essais pratiques de cet illustre ingénieur se rattachaient directement aux recherches de *Cavendish* et de *Lavoisier*; nul doute que les notions de pneumatique mises en circulation, de 1760 à 1780, n'aient contribué à lui faire voir sous un nouveau jour la flamme du feu de bois. Nul doute que *Murdoch* n'ait été conduit, précisément par la même voie, à considérer sous un nouveau jour la flamme du charbon de terre, et, comme *Lebon*, — à la vouloir isolée de sa source et à distance de son point de départ.

Eh bien, de ce dernier fait même la nature nous fournit des exemples. La nature fournit des exemples de flamme de charbon de terre, à distance de ce combustible; des exemples de combustion de gaz inflammable isolé de sa source; et ces exemples, il y avait plus de cent ans qu'ils avaient été observés et consignés dans les recueils scientifiques, lorsque *Murdoch* en fit pour la première fois une application pratique.

Mon dessein n'était pas de m'arrêter ici; mais je m'aperçois que l'éclairage au gaz nous a conduits un peu loin. Je craindrais de fatiguer votre attention en la retenant aujourd'hui plus long-temps.

Il nous reste à voir jouer à l'*hydrogène carboné* un rôle bien différent de celui qu'il jouait tout-à-l'heure. Après l'avoir éprouvé par ses propriétés bienfaisantes, il nous reste à le connaître par ses propriétés nuisibles et destructives. — Ne perdons pas non plus de vue l'intention qui nous a mis en marche. Vous venez de voir d'importantes améliorations introduites par *l'esprit d'observation* dans l'un des principaux services d'utilité publique ou domestique ; il nous faut voir à présent, *l'esprit d'observation* rechercher et découvrir un préservatif à d'affreux désastres, acceptés, depuis des milliers d'années, comme inévitables. Ce sera le sujet de notre prochain entretien. (1)

(1) Je n'ai encore rien dit du mélange explosif que forme le *gaz-light* avec l'air atmosphérique, ni des précautions qu'il exige, sous ce rapport. Ce sujet est traité ailleurs. Voyez le *Simple discours* SUR LA LAMPE DE SURETÉ.

SUPPLÉMENT.

La SOCIÉTÉ D'ENCOURAGEMENT POUR L'INDUSTRIE NATIONALE avait proposé, en 1837, un prix de deux mille fr. « *pour celui qui indiquerait la fabrication d'un gaz et une disposition d'appareils ne coûtant pas plus que ceux relatifs à la distillation de la houille, exempt des inconvéniens que présentent l'hydrogène sulfuré et l'acide sulfureux, mais ne laissant pas plus de chances d'explosion* », c'est-à-dire indiquant les fuites de gaz par quelque autre signe que l'odeur sulfureuse supprimée.

Ce prix a été décerné dans la séance générale du 17 janvier dernier. J'ai pensé qu'après les détails que vous venez de lire, un extrait du rapport sur cette nouvelle invention ne serait pas pour vous sans intérêt.

« Nous avons, a dit le rapporteur,

M. *Payen*, « nous avons à vous entretenir d'un ordre de perfectionnemens tout nouveau. Ce ne sont plus, en effet, des modifications plus ou moins heureuses dans les appareils de décomposition : c'est une décomposition dans des circonstances spéciales et avec addition d'une véritable matière nouvelle, remarquable surtout en ce qu'*elle ne coûte*, pour ainsi dire, *rien*, et en ce qu'elle peut régulariser et économiser l'action de la chaleur, tout en évitant la précipitation (le dépôt) du carbone, précipitation si défavorable aux intérêts du producteur, puisqu'elle oblige à la dépense d'un plus grand volume de gaz pour obtenir la même quantité de lumière.

« La nouvelle substance dont nous voulons parler, c'est l'eau. Elle est portée, dans l'appareil ingénieux de M. *Selligues*, à une température assez élevée pour se transformer, en présence du charbon, en hydrogène et en *oxide de carbone*. Ces gaz vont se mêler et entraîner dans leur courant l'hydrogène qui est formé simultanément, par la décomposition de *l'huile de schiste bitumineux* ou d'une autre substance riche en carbone et en hydrogène; l'espace incessamment offert à l'hydrogène carboné, prévient, nous semble-t-il, le dépôt de charbon observé dans les autres systèmes (1); et, d'un autre côté, le gaz acide carbonique que les premières portions d'eau en vapeur peuvent former, est changé en gaz oxide de carbone, par son contact prolongé avec le charbon incandescent...

« On voit en somme qu'au lieu de déposer dans les retortes (2) des proportions considérables de charbon par l'altération du gaz, ce qui a lieu dans tous les autres procédés, le nouveau système enlève du charbon dans les retortes au profit des gaz qui y passent, de telle sorte que la quantité totale de lumière à en obtenir est doublée; le combustible économisé, ainsi que les employés nécessaires aux fourneaux et gazo-

(1) Voyez ci-dessus, page 100.

(2) « Retortes, cornues, » mots synonymes.

mètre; que l'opération, ne laissant aucun résidu à odeur forte ou embarrassant, se peut faire dans l'intérieur des villes et même dans les quartiers les plus populeux. »

M. *Payen* cite en exemple l'appareil de M. *Selligues*, qui éclaire l'Imprimerie royale. Quant aux résultats pratiques, relatifs à la *diminution notable* des inconvéniens pour le voisinage, M. *Payen* communique les renseignemens recueillis à Lyon.

M. *Selligues* (comme M. *Chaussenot*) a eu l'heureuse idée d'augmenter la température du gaz à son issue, en employant pour les becs de lampe des corps bons conducteurs de la chaleur, où le courant de chaleur est arrêté de haut en bas par l'interposition de quelque substance inconductrice, et en donnant aux becs la plus grande surface.

« Un kilogramme d'huile de schiste, dit en terminant le Rapporteur, produit soixante-cinq pieds cubes de gaz, dont le pouvoir éclairant équivaut à plus du double de ce que l'on obtiendrait par les moyens usuels de décomposition des huiles et de combustion de gaz-light. Le gaz ainsi obtenu ne répand pas d'acide sulfureux quand il brûle, et ce qui échappe à la combustion ne développe pas cette odeur infecte, repoussante, de l'acide hydrosulfurique. Il ne laisse qu'une odeur spéciale suffisante pour avertir des fuites. Nous dirons enfin qu'à l'occasion des perfectionnemens précités, M. *Selligues* a créé une véritable et importante industrie, qui consiste dans l'exploitation des huiles de schistes bitumineux, et particulièrement de ceux de ces schistes qui ne recevaient jusqu'alors aucune application utile en grand. »

M. *Payen* conclut à ce que la Société décerne à M. *Selligues* le prix fondé « pour l'amélioration de l'éclairage au gaz. »

FIN.

TABLE.

Pages.

Erratum.

Page 21 ligne 20, lisez : *rachitiques.*

FIN DE LA TABLE.

www.ingramcontent.com/pod-product-compliance
Ingram Content Group UK Ltd.
Pitfield, Milton Keynes, MK11 3LW, UK
UKHW021937200726
13855UKWH00007B/867